慎独
的情操

SHENDU DE QINGCAO

人生大学讲堂书系

人生大学活法讲堂

拾月　主编

主　编：拾　月
副主编：王洪锋　卢丽艳
编　委：张　帅　车　坤　丁　辉
　　　　李　丹　贾宇墨

吉林出版集团股份有限公司
全国百佳图书出版单位

图书在版编目（CIP）数据

慎独的情操 / 拾月主编. -- 长春：吉林出版集团股份有限公司, 2016.2（2022.4重印）
（人生大学讲堂书系）
ISBN 978-7-5581-0742-9

Ⅰ. ①慎… Ⅱ. ①拾… Ⅲ. ①成功心理－青少年读物 Ⅳ. ①B848.4-49

中国版本图书馆CIP数据核字（2016）第041335号

SHENDU DE QINGCAO

慎独的情操

主　　编　拾　月
副 主 编　王洪锋　卢丽艳
责任编辑　杨亚仙
装帧设计　刘美丽

出　　版　吉林出版集团股份有限公司
发　　行　吉林出版集团社科图书有限公司
地　　址　吉林省长春市南关区福祉大路5788号　邮编：130118
印　　刷　鸿鹄（唐山）印务有限公司
电　　话　0431-81629712（总编办）　0431-81629729（营销中心）
抖 音 号　吉林出版集团社科图书有限公司　37009026326

开　　本　710 mm×1000 mm　1 / 16
印　　张　12
字　　数　200 千字
版　　次　2016 年 3 月第 1 版
印　　次　2022 年 4 月第 2 次印刷

书　　号　ISBN 978-7-5581-0742-9
定　　价　36.00 元

"人生大学讲堂书系" 总前言

昙花一现，把耀眼的美只定格在了一瞬间，无数的努力、无数的付出只为这一个宁静的夜晚；蚕蛹在无数个黑夜中默默地等待，只为了有朝一日破茧成蝶，完成生命的飞跃。人生也一样，短暂却也耀眼。

每一个生命的诞生，都如摊开一张崭新的图画。岁月的年轮在四季的脚步中增长，生命在一呼一吸间得到升华。随着时间的推移，我们渐渐成长，对人生有了更深刻的认识：人的一生原来一直都在不停地学习。学习说话、学习走路、学习知识、学习为人处世……"活到老，学到老"远不是说说那么简单。

有梦就去追，永远不会觉得累。——假若你是一棵小草，即使没有花儿的艳丽，大树的强壮，但是你却可以为大地穿上美丽的外衣。假若你是一条无名的小溪，即使没有大海的浩瀚，大江的奔腾，但是你可以汇成浩浩荡荡的江河。人生也是如此，即使你是一个不出众的人，但只要你不断学习，坚持不懈，就一定会有流光溢彩之日。邓小平曾经说过："我没有上过大学，但我一向认为，从我出生那天起，就在上着人生这所大学。它没有毕业的一天，直到去见上帝。"

人生在世，需要目标、追求与奋斗；需要尝尽苦辣酸甜；需要在失败后汲取经验。俗话说，"不经历风雨，怎能见彩虹"，人生注定要九转曲折，没有谁的一生是一帆风顺的。生命中每一个挫折的降临，都是命运驱使你重新开始的机会，让你有朝一日苦尽甘来。每个人都曾遭受过打击与嘲讽，但人生都会有收获时节，你最终还是会奏响生命的乐章，唱出自己最美妙的歌！

正所谓，"失败是成功之母"。在漫长的成长路途中，我们都会经历无数次磨炼。但是，我们不能气馁，不能向失败认输。那样的话，就等于抛弃了自己。我们应该一往无前，怀着必胜的信念，迎接成功那一刻的辉煌……

感悟人生，我们应该懂得面对，这样人生才不会失去勇气……

感悟人生，我们应该知道乐观，这样生活才不会失去希望……

感悟人生，我们应该学会智慧，这样在社会上才不会迷失……

本套"人生大学讲堂书系"分别从"人生大学活法讲堂""人生大学名人讲堂""人生大学榜样讲堂""人生大学知识讲堂"四个方面，以人生的真知灼见去诠释人生大学这个主题的寓意和内涵，让每个人都能够读完"人生的大学"，成为一名"人生大学"的优等生，使每个人都能够创造出生命中的辉煌，让人生之花耀眼绚丽地绽放！

作为新时代的青年人，终究要登上人生大学的顶峰，打造自己的一片蓝天，像雄鹰一样展翅翱翔！

"人生大学活法讲堂"丛书前言

　　"世事洞明皆学问，人情练达即文章。"可见，只有洞明世事、通晓人情世故，才能做好处世的大学问，才能写好人生的大文章。特别是在我们周围，已经有不少成功的人，他们以自己取得的骄人成绩向世人证明：人在生活面前从来就不是弱者，所有人都拥有着成就大事的能力和资本。他们成功的为人处世经验，是每个追求幸福生活的有志青年可以借鉴和学习的。

　　幸运不会从天而降。要想拥有快乐幸福的人生，我们就要选择最适合自己的活法，活出自己与众不同的精彩。

　　事实上，每个人在这个世界上生存，都需要选择一种活法。选择了不同的活法，也就选择了不同的人生归宿。处事方式不当，会让人在社会上处处碰壁，举步维艰；而要想出人头地，顶天立地地活着，就要懂得适时低头，通晓人情世故。有舍有得，才能享受精彩人生。

　　奉行什么样的做人准则，拥有什么样的社交圈子，说话办事的能力如何……总而言之，奉行什么样的"活法"，就有着什么样的为人处世之道，这是人生的必修课。在某种程度上，这决定着一个人生活、工作、事业等诸多方面所能达到的高度。

　　人的一生是短暂的，匆匆几十载，有时还来不及品味就已经一去不复返了。面对如此短暂的人生，我们不禁要问：幸福是什么？狄慈根说："整个人类的幸福才是自己的幸福。"穆尼尔·纳素夫说："真正的幸福只有当你真正地认识到人生的价值时，才能体会到。"不管是众人的大幸福，还是自己渺小的个人幸福，都是我们对于理想生活的一种追求。

　　要想让自己获得一个幸福的人生，首先就要掌握一些必要的为人处世经验。如何为人处世，本身就是一门学问。古往今来，但凡有所成就之人，无论其成就大小，无论其地位高低，都在为人处世方面做得非常漂亮。行走于现代社会，面对激烈的竞争，面对纷繁复杂的社会关系，只有会做人，会做事，把人做得伟岸坦荡，把事做得干净漂亮，才会跨过艰难险阻，成就美好人生。

那么，在"人生大学"面前，应该掌握哪些处世经验呢？别急，在本套丛书中你就能找到答案。面对当今竞争激烈的时代，结合个人成长过程中的现状，我们特别编写了本套丛书，目的就是帮助广大读者更好地了解为人处世之道，可以运用书中的一些经验，为自己创造更幸福的生活，追求更成功的人生。

本套丛书立足于现实，包含《生命的思索》《人生的梦想》《社会的舞台》《激荡的人生》《奋斗的辉煌》《窘境的突围》《机遇的抉择》《活法的优化》《慎独的情操》《能量的动力》十本书，从十个方面入手，通过扣人心弦的故事进行深刻剖析，全面地介绍了人在社会交往、事业、家庭等各个方面所必须了解和应当具备的为人处世经验，告诉新时代的年轻朋友们什么样的"活法"是正确的，人要怎么活才能活出精彩的自己，活出幸福的人生。

作为新时代的青年人，你应该时时翻阅此书。你可以把它看作一部现代社会青年如何灵活处世的智慧之书，也可以把它看作一部青年人追求成功和幸福的必读之书。相信本套丛书会带给你一些有益的帮助，让你在为人处世中增长技能，从而获得幸福的人生！

第1章 慎独为何物

第一节　心中有敬畏，方能慎独 / 2

做人要常怀敬畏之心 / 2

敬畏让生命生机无限 / 6

第二节　慎独是评定道德水准的关键 / 7

清正廉洁的甄彬 / 7

如何培养"慎独"精神 / 9

第三节　慎独是责任心的终极考验 / 12

工作的责任心 / 14

第四节　慎独是一种无言的坦荡 / 17

人贵慎独，智贵心悟 / 18

清心寡欲，持志不动 / 20

第五节　慎独的员工是企业最大的财富 / 24

优秀或者平庸全在于自己的选择 / 24

在普通的工作中尽足本分 / 25

别让一些虚幻的想法毁了自己 / 27

满怀热情地投入工作 / 29

第2章　慎独，让自己的人生收放自如

第一节　慎独之心，可以修身 / 31

做人先要修身 / 31

见贤思齐，勤于自修 / 33

第二节　侥幸心理是慎独的大敌 / 36

提高自身的自控力 / 36

"本我""自我""超我" / 38

第三节　改正不良陋习，实现慎独 / 43

习惯的好坏决定人生的质量 / 43

认识良好的行为，并坚持下去 / 45

第四节　怎样培养"慎独"的精神 / 50

慎独要谨守"三慎" / 50

用慎独提醒自己，鞭策自己 / 53

第五节　流芳百世的慎独典故 / 55

见利应思义 / 56

无功不受封，无功不受赐 / 57

清廉恐为他人知 / 58

不畏人知畏己知 / 59

第六节　没有慎独，就没有清廉这回事 / 61

以民为本，做到勤政爱民 / 62

善始善终，常怀慎独之心 / 63

第3章　慎微是一门功夫

第一节　清醒头脑察于微 / 67

"慎微"警惕温水效应 / 68

慎微，要正确识"小" / 69

第二节　从严要求禁于微 / 71

祸患常积于忽微 / 73

慎微，要自纠"恶小" / 73

慎微，要管得住"小" / 74

慎微，要勤为善"小" / 75

第三节　精益求精调于微 / 79

没有最好，只有更好 / 81

成为行家里手，做不可或缺的优秀员工 / 82

第四节　慎微者更易得到机会 / 84

生活因小事而精彩 / 84

一把椅子的问候 / 88

第 4 章　细节决定成败

第一节　防微杜渐，小心温水效应 / 92

分寸有度、取舍相宜 / 92

牵一发而动全身 / 94

第二节　慎微言行是勇敢而明智的表现 / 96

细节是智慧的源泉，灌溉理想之树 / 98

"三碗茶"成就一代名将 / 98

坚守"谨小慎微" / 101

第三节　克服粗心大意 / 103

粗心大意害己害人 / 103

认真 + 细节 = 成功 / 107

第四节　不积"跬步"，就走不出"千里" / 109

壮举来自细节的积累 / 109

积累细节才可能成就伟大 / 112

第五节　勿以善小而不为，勿以恶小而为之 / 116

勿以善小而不为 / 117

勿以恶小而为之 / 117

第5章 慎始的重要性

第一节 慎始，从心开始 / 123

谨慎的开始 / 123

善终必先慎始 / 125

第二节 开始究竟有多重要 / 128

学会合作 / 129

善待开端，就要有信心，相信自己 / 131

第三节 每一天都是新的开始 / 133

幸福是生命的宣言 / 133

要学会超越自我 / 134

第四节 没有慎始，就没有善终 / 138

"慎始"从"不湿鞋"开始 / 139

慎始慎终则无败事 / 141

第五节 君子慎始而敬终 / 144

在泥泞中行走，生命才会留下深刻的印记 / 144

君子慎始而无后忧 / 147

第 6 章　慎始的法则

第一节　听孔子的，三思而后行 / 150

事前多思考是一种成熟的表现 / 150

买香草冰淇淋，汽车就会"秀逗" / 151

三思而后行，谋定而后动 / 154

第二节　养成习惯就晚了，一开始就该慎重 / 157

好习惯是健康人格之根基 / 163

习惯与人格的关系是相辅相成的 / 165

成功必须选择正确的习惯 / 166

第三节　意气用事必失和，慎始才能昌隆 / 167

"和"字当道 / 167

以和为贵 / 169

第四节　与其忧懈怠，不如慎始慎终 / 174

一如既往，慎终如始 / 175

一念过差，足丧生平之善 / 176

第 1 章

慎独为何物

古人有云："人有祸则心畏恐，心畏恐则行端直。"它的意思是说：假如一个人遭遇了祸害，要怀揣着敬畏之心谨慎行事，这样才有可能避祸趋福。如果失去了敬畏之心，就有可能变得肆无忌惮，无法无天，最终就会自食苦果。因此，对为官者来说，常怀有敬畏之心，不仅是为人处世的一种态度、一种理念，更是一种人生智慧。

第一节　心中有敬畏，方能慎独

做人要常怀敬畏之心

法国伟大的思想家、文学家罗曼·罗兰曾说过："没有伟大的品格，就没有伟大的人，甚至也没有伟大的艺术家，伟大的行动者。"

杨震的廉洁奉公贵在"慎独"。《中庸》中记载着这样的一句话："莫见乎隐，莫显乎微，故君子慎其独也。"按照现在的说法就是，一个人在独处的情况下，也要持有谨慎小心的态度，自觉地遵循法度和道德，不要因为其他人不在场或是不注意而做些违法乱纪的事情。

大多数的贪官因为藐视法纪，上演着受贿的"障眼法"，自以为能够瞒天过海，可是到最后却落为"掩耳盗铃"的笑柄。所以说，君子"慎独"需要常怀有敬畏之心，时刻想着头上所悬的那把"廉洁奉公"的尚方宝剑，这样才能避免误入歧途。

所以说，君子"三慎"可养廉。开出"慎始、慎微、慎独"这三味良药，方可在心间留下一方净土，方可瞻仰宇宙的浩然正气，方可治愈腐败的病症。

古人有云："人有祸则心畏恐，心畏恐则行端直。"它的意思是说：假如一个人遭遇了祸害，要怀揣着敬畏之心谨慎行事，这样才有可能避祸趋福。如果失去了敬畏之心，就有可能变得肆无忌惮，无法无天，最终就会自食苦果。因此，对为官者来说，常怀有敬畏之心，不仅是为人处世的一种态度、一种理念，更是一种人生智慧。

古人有云："凡善怕者，必身有所正，言有所规，行有所止，偶而逾矩，亦不出大格。"大多数惨痛的教训告诉我们，领导干部倘若丧失了对人民群众、对国家法纪的敬畏，则必然会被权力的"魔戒"所控制，最终将坠入万劫不复的境地。所以在日常的工作之中，党员干部要正确地对待自己手中的权力，始终保持着一颗敬畏之心，时刻牢记着"心中有敬畏，方能慎独"的警铃，这样才能更好地服务人民。

为官者应当常怀有敬畏之心，就是要求为官者要敬畏历史、敬畏百姓、敬畏法纪，其实质就是要敬畏权力，慎用权力，时刻谨记权力是人民赋予的，权力的用途只能是用来为人民谋取利益，绝不能用来为个人或组织谋取私利。权力是一把双刃剑，它可以让人平步青云，也可以让人坠入万丈深渊，但是，最关键的还是要看你如何运用它。当你秉公用权时，它就会为百姓谋取福利，自然就会受到百姓的拥戴和爱护；然而一旦让权力与私欲为伍，那势必就会以权谋私，为所欲为，危害国家和人民的利益，最终的结果就是将自己送上了审判台。

一位哲人曾经形象地打了一个比方："权力就像一座桥，桥下是座牢，官员悠悠桥上过，歪心邪步掉进牢。而安全过桥的秘诀是：慎行、慎微、慎权、慎独。"实践证明，为官者就是要常怀敬畏之心，这样才会谦虚谨慎，戒骄戒躁；才会认真做事，兢兢业业；才会尽职尽责，为国效力，这样才会在考验的面前永葆本色，永远立于不败之地。

人活在世上，就要心存敬畏。对美、对时间常怀敬畏之心，它会让一个人的生命因此变得庄重而有力，生机无限。世上有一种人天生就是为了艺术而生的：

　　譬如杨丽萍，舞蹈已经完全地渗透融入了她的整个生命，并且成为她灵魂中最重要的一部分。武侠小说里面经常提到剑术的最高境界就是人剑合一，杨丽萍的舞蹈又何尝不是？杨丽萍之所以成为传奇，就是因为她为了舞蹈事业将自己推向了寻常人无法企及的极致境界：20年来不吃米，不生育。一个女人的艺术生命跟她的身体容颜密不可分，她把自己全部的美好，完完全全地奉献给了舞蹈和观众，在她的眼中，舞蹈的美是值得自己倾尽一生付出的，这样人生方能了无遗憾。没有几个人能做到这种极致，她的舞蹈，她的美，几十年如一日地展示在我们的面前，让你相信，有一种美丽绽放在世俗和年龄之外。

　　有一种生命的激情和活力跨越了时光的速度，从从容容居住在内心的最深处。唯有对美心怀敬畏的人，才能让美垂青于你。这种美来源于自身在生活习性方面严于律己，只有做到慎独，才能将这种美丽绽放到极致。

　　《大学》中说："小人闲居为不善，无所不至，见君子而后厌然，掩其不善，而著其善。"就像《大学》中所说的那样，慎独是修身的核心，也是我们能够做到修身、齐家乃至治国、平天下的核心。曾国藩曾总结自己一生的处世经验，写了著名的"日课四条"：慎独、主敬、求仁、习劳。在这四条当中，慎独是根本。关键要在"隐"和"微"上下功夫。《礼记·中庸》上说："君子戒慎乎其所不睹，恐惧乎其所不闻。莫见乎隐，莫显乎微。故君子慎其独也。"三国时的刘备也曾经说过："勿以恶小而为之，勿以善小而不为。"在充满诱惑、充满利益的世界之中，一个人要想做到"慎独"，成为胸怀坦荡的君子，就需要具备极强的自制力。"慎独"是社会生活的"净化器"。一个人一旦缺少了"慎独"的精神，就会降低自己的道德水准，只会顾着眼前的个人利益而无视他人的利益。而更可怕的是这种思想一旦"传染"开来，别人势必也会以他为"榜样"，倘若人人都开始效仿，久而久之，世风日下就会成为必然的发展趋势。

古人常说："君子慎独。"这句话同样适用于这个时代，其中也有一种说法，意思是"君子慎群"，但追根溯源，就是说人要心存敬畏。伟大的哲学家康德一生中所敬畏的事情正是刻在他墓碑上的"繁星密布的苍穹"和"心中的道德律"这两句话。可是，不知从何时起，我们对星空的探索热情呈现递减的趋势，而心中的道德也在物欲横流的社会中被冲淡得越来越少，心中残存的那一点敬畏也变得奄奄一息了。敬畏之心，实际上也是一种自我约束和自我警醒，它是保持清醒头脑的"清醒剂"，是克制胆大妄为的"良药"，是提醒决策者正确用权的明智之举。敬畏并不是要你感到害怕，也不是让你感到惊恐，它是让人们保持警醒，让人们懂得利害的关系，懂得自律的重要性，他让人们的情感变得丰富多彩，变得深沉庄重，让人们唤醒自己仅存的良知，让人们学会认真做人，对自己负责。

敬畏让生命生机无限

人只有常怀有敬畏之心，才能构建起拒腐防败的思想堤坝。谨言不会出错，慎行不会摔跤。一个人要心存敬畏之心，心中有所畏惧，那就要求我们要按照自然的规律和道德准则做事，追求和谐，追求生活的真、善、美；如果一个人心无敬畏，无所畏惧，也就无所顾忌，势必会在行事之中变得肆无忌惮、随心所欲，那他的结局就是即将预见的悲剧。所以说，"慎独"还离不开自我反省。一个人要想进步，就要时常地、认真地自我反省。伟大的科学家爱因斯坦曾说过："我每天上百次地提醒自己：我的精神生活和物质生活都依靠别人的劳动，我必须尽力以同样的分量来报偿我所领受的、至今还在领受着的东西……"

我们的祖先很早就有敬畏之心，老子敬畏自然，提出了"人法地，地法天，天法道，道法自然"的智慧之言。《菜根谭》说得更加简单明了："自天子以至于庶人，未有无所畏惧而不亡者也。上畏天，下畏民，畏言官于一时，畏史官于后世……畏则不敢肆而德以成，无畏则从其所欲而及于祸。"

清朝的栋梁之臣曾国藩就常怀敬畏之心。天津教案发生后，一时之间，无人敢担负起这份责任，而曾国藩竟然自告奋勇地去处理，仅以此而言，其大勇足以欣慰。然而他对自己的处理方式事后的评价是：外惭清议，内疚神明。而张作霖，总会在孔子诞辰的时候脱下军装，换上长袍马褂，跑到各个学校去，向老师们鞠躬作揖……

这也就是朱熹所说的"君子之心，常怀敬畏"，没有敬畏感的人，不算是一个完整的人，至少称不上是一个君子。因为，有所敬畏的人，在他的心目中，总会有一些东西属于做人的根本，是不可亵渎的。

所以说，有所敬畏，才能有所坚守；有所敬畏，才能让自己在各种的诱惑下永葆纯净的心灵。敬畏是来源于对慎独的执着，敬畏自己的良心，是最高的人生境界。

第二节　慎独是评定道德水准的关键

刘少奇曾说过："一个人在独立工作，无人监督，有做各种坏事的可能的时候，不做坏事，这就叫慎独。"

清正廉洁的甄彬

在南北朝时期，有一个农夫叫甄彬。这个人品行端正，从来不取不义之财。有一年，乡里闹春荒，家里能吃的东西都吃完了，全家人都饥肠辘辘地忍耐着。甄彬找到一捆苎麻，拿到当铺，典当了一些钱，然后买了一些粮食，才勉强度过了这一年的春荒。老天还算是照顾乡里的百姓，新的一年风调雨顺，是个丰收年。秋后，甄彬卖了些粮食，凑齐了一些钱，到当铺里把那捆苎麻赎了回来。过了几天，甄彬的妻子拆开麻捆准备纺线的时候，忽然，看见从里面掉出一个布包，竟然包着五两黄金，一家人很是欢喜。这时，甄彬对妻子和儿子们说："这可能是当铺的伙计在收拾库房时不小心把这包黄金裹进了麻捆里面的。按道理说，我们把它留下来也未尝不可，反正也不是我们自己拿的，反正别人也不会知道，而且咱们家也的确太需要钱了。不过，话又说回来，古人有云：'君子爱财，取之有道。'虽然咱们很贫苦，但是人穷志不穷，不是我们该得的东西，不要说是五两黄金，即便是一文钱，我们也不能要！你们认为如何呢？"甄彬的妻子、孩子平日里深受他的影响，也都为人正直、善良，他们都很赞成甄彬的意见。于是，甄彬立即将黄金还给了当铺。

清朝雍正年间，叶存仁曾经先后在很多地方做官，历时三十余载。有一次，在他离任时，僚属们派船来送行，可是船只却迟迟不启程，直到明月升起后才见划来一叶小舟，原来是幕僚给他送来了临别时的礼物，为了掩人耳目，特地在深夜送来。他们以为叶存仁平时不接受礼物，是怕别人知晓然后惹出麻烦，而此刻夜深人静，四下无人，肯定会收下的。可是，叶存仁看到此时的情景，即兴写了一首诗："月白风清夜半时，扁舟相送故迟迟。感君情重还君赠，不畏人知畏己知。"随后就将礼物"完璧归赵"了。

如何培养"慎独"精神

"慎独"之所以古往今来都备受德育思想家们的重视，那是因为它在人们修身中起到十分重要的功用。所以，在培养"慎独"精神方面也就显得尤为重要了。

☆要让所有的角色身份都保持一致，不自欺，亦不欺人

每一个角色都有它相应的社会要求和社会责任，例如，当领导的要求像秉公执法的领导形象；当公民的要求像遵纪守法的良好公民形象；当父亲的要求像严厉并慈爱的父亲形象；当丈夫的要求像顾家养家的好丈夫形象……当这些角色都在各司其职以后，一个人的社会角色身份也就自然一致了起来。所以，无论一个人在何处独处，都要求自己的思想和行为符合社会要求的身份角色定位，要是做到了，那就是慎独了。通过不断地审视和反思自己的行为，不断地阻止错误的道德意识和错误的道德行为的发生，从而最高限度地规范自身的行为；并通过行为主体的判断、纠错、选择，通过这样一个不断反复的过程从而达到内不欺己、外不欺人的双重效果，最终让自身的和谐促进社会和谐。

☆对自己要严格要求，对自己绝不擅自妥协

中国古代伟大的思想家王阳明在谈到人们修身养性时曾说过："克己必须要扫除廓清，一毫不存方是，有一毫在，则众恶相引而来。"他

的意思就是要人们在修身时注意细节之处，决不留给自己一丝一毫的死角。不然，酿成大祸之后，那后果就不堪设想了。

毕达哥拉斯曾说过："无论是在别人跟前，还是自己单独的时候，都不要做一点卑劣的事情—最要紧的是自尊。"实际上，对于我们每一个人来说，在别人面前保持尊严并不困难，难做到的是慎独。我们重视别人，是因为他们在我们心目中有一定的分量，如此一来，我们就会在他们面前尽量展现自己完美的一面。可是，当我们面对自己的时候，我们却时常做不到慎独，因为我们从来都没有重视过自己，没有把自己放在重要的位置上。所以说，一个连自己都不曾重视过的人，还能指望谁能重视他，又何谈慎独？我们首先要做的就是将自己摆在能够引起自己重视的地方，严格要求自己，绝不对自己擅自妥协，然后才能诚实地守信，不断地自我反省，成为坦荡的人，才能做到慎独。

2005年"感动中国"的王顺友是一名普通的乡村邮递员，他就是当代恪守"慎独"的楷模。他一个人用了20年时间走了26万多千米的寂寞邮路。虽然生存环境和工作条件都十分恶劣，但是他从来都没有延误过一个班期，没有弄丢过一封邮件，而且投递的准确率达100%。他说："保证邮件送到，是我的责任。"

☆不要纵欲，以不贪为宝
一个人的欲望在没有任何监督的情况下很容易如泛滥成灾的洪水一样，凶猛地朝着自己袭来。相反，在众目睽睽之下，多数人还是能够约束自己的行为，谨慎言行。可是当自己面对自己的时候，通常是自我独

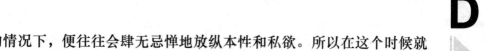

处的情况下，便往往会肆无忌惮地放纵本性和私欲。所以在这个时候就应该特别注意压抑住欲望的邪火，更不能对自己过分地放纵，自欺欺人，长久下去，必将一发不可收拾。所以，我们要将这些不健康的欲望消灭于萌芽的状态，这就是慎独。

"人生而有欲望"，这是人与生俱来的天性。在"天下熙熙，皆为利来；天下攘攘，皆为利往"的当今社会，在物欲横流不断充斥着商品消费的大潮中，在缺乏有效的监督和制衡的权力场上，每一个人都面临着"制欲"的考验。大多数的人都在这种考验的面前马失前蹄，落得个"一失足成千古恨"的下场。如何将"欲"自觉地、理智地控制在道德规范和法度要求允许的范围之内，并且能做到明察秋毫，连不易被人察觉的细枝末节也不放过，做个"表里如一，人前人后都一样"的真君子，这就需要有高度的道德修养，过好"慎独"这一修身的大关。

☆慎是慎独的核心

古人有曰："凡百事之成也必在敬之，其败也必在慢之，故敬胜怠则吉，怠胜敬则灭，计胜欲则从，欲胜计则凶。"

它的意思是说：我们每一个人在做所有的事情的时候都要谨慎小心，失败的原因也多在于怠慢、松弛，所以说谨慎小心胜过怠慢，势必会让事情的发展趋向于吉利；如果怠慢胜过谨慎，那势必就会导致失败。计谋超越了自己的欲望，就会让事情变得很顺利；如果欲望超越了计谋，就会导致事情变得凶险万分。

所以在说话、行事之时，要多想一个慎字，要考虑全面，小心谨慎，凡事事无巨细，都要考虑周详。不论是有人、无人，不论是为公、为私，不论是大、是小，都要做到谨慎。所以，我们在决定做任何一件事情的时候，都应该三思而后行，慎而思之、勤而行之，做到恭德而慎行，这样就不会失败，也不会后悔。总而言之，慎独需要提高人内在的修养。

常怀有慎独和敬畏之心，还要时刻保持着感恩之心和谦虚之德。懂得爱，懂得感恩、理解、宽容和责任，懂得放下自身的妄念。

以此为支撑，慎独才能融入骨髓，从而转化为自觉，熔铸成自身的价值观。如此一来，这个世界才会少些是非和喧嚣，多些亲切与和谐，才能让人活得更有尊严，更有幸福感。

第三节 慎独是责任心的终极考验

"慎独"是由儒家学派创造出来的自我修身的方法，几千年来，对人们修身养性、塑造高尚的道德情操都起到了巨大的推进作用，至今仍然是人们培养高尚的道德情操的重要途径。

在《杜拉拉升职记》中，有这样一个情景：有一天晚上，杜拉拉因为临时有事而杀了个"回马枪"去公司取东西。当她回到公司时，很惊奇地发现她的下属麦琪在加班，而她心目中一直认为积极肯干、章法有度的勤奋下属帕米拉却不在。仔细盘问了一下才知道，原来是帕米拉写好工作进度和指示后，全部交给麦琪去做。有很多工作都是麦琪在背后完成的。但是，帕米拉却从来没有向杜拉拉提起过。相反的是，在杜拉拉对帕米拉说可以找麦琪帮忙分担工作量的时候，帕米拉却表示出项目进度紧张，自己必须要亲力亲为。

从工作能力上来说，帕米拉对工作的目的明确，能够胜任，这一点就连被帕米拉直接分配加班任务的麦琪也很赞同。但是，在这能力的背后却折射出了一个问题。作为一名员工，在老板不在场的时候，是否还做到和老板在场的时候一样，这就需要慎独来严格要求自己了，同时也是关乎诚信的问题。

法国伟大的哲学家爱尔维修说："我经常在晚上发现，自己早上以为自满不坏，因而自视甚高的看法，其实是错的。"自省之后方能自悟，自悟之后方能自责，从而激励鞭策自己；此外，还要自爱，爱护自己的人格，做一个襟怀坦荡、光明磊落、表里如一、言行一致的人。当独身自处时，自己的所作所为，不论是好是坏，是美是丑，就像有数十只眼睛在注视着自己，像有数十只手在指着自己一样。从一点一滴做起，在"无人见处"下功夫，经过持续不断的自我反省和锻炼，并且还要积极地实现自我反思，自我克制、自我完善，这样才能够达到"慎独"的境界，从而做一个纯粹的人，高尚的人。

在一个炎热的夏天，在英国一个偏僻的处所，有一个7岁的小男孩在一个公共卫生间里方便过之后，发现抽水马桶悬挂在墙上的水箱坏了，怎么拉也拉不出水。于是，他就爬上去修了起来。20分钟过去了，妈妈着急怕他出事，就慌张地闯进厕所里，看见那个男孩子正在满头大汗、十分认真地修着那个水箱，可是怎么也修不好。

在无人知晓的情况下，还能把公共利益放在心上，这是一个极有责任心的孩子。在他的身上体现着一个叫"慎独"的词。所谓的"慎独"，是指人们独自活动在无人监督的情况下，依然能够凭着高度的自觉性，按照一定的道德规范行动，而不做任何违背于道德信念、做人原则的事情。这些生活中的小事都是进行个人道德修养的重要方法，同时也是评定一个人道德水准的关键因素。

工作的责任心

工作就意味着一份责任，每一个职位所规定的工作任务就是一份既定的责任。当我们对工作充满责任感的时候，就会从中学到很多有用的知识，积累更多的经验，就能全心全意地投入到工作中，在工作的过程中寻找到快乐。当我们担负起自己的那一份责任时，就会很容易地战胜工作中出现的诸多困难，从而产生强大的精神动力，它让我们有信心排除万难，甚至可以把不可能完成的工作任务完成得更加出色、精彩。一个人一旦失去了那份责任心，即便是做自己最擅长的工作，也会做得一塌糊涂。所以，当我们做任何一份工作的时候，成功与否通常都是取决于我们自己是否拥有强大的工作责任心以及积极主动的工作态度。一个人的工作完成得好坏，最关键的一点还在于这个人有没有责任感，是否能够认真地履行自己的责任。当一个人意识到自己的责任并勇敢地承担起来的时候，责任感可以让人变得更加坚强，责任感可以让人充分地发挥自己的潜能、能力；责任感可以改变自己对待工作的态度，而我们对待工作的态度在很大的程度上都决定着自己的工作成绩。在每一个人的生活中，绝大部分的时间都是和工作联系在一起的。假如你热爱你的工作，你就会觉得你的生活像天堂一样幸福美好，假如你厌恶你的工作，你就会觉得你的生活像地狱一样苦不堪言。所以我们在工作中，还要清醒、明确地认识到自己的职责，履行好自己的义务，充分发挥自己的能力，克服困难完成工作。

　　"活到老，学到老"是刘嘉绮的座右铭。不论在哪一个工作岗位上，刘嘉绮始终保持着"做一行、爱一行、精一行"的工作态度。在营业厅的时候，她没有因为工作面窄而停止学习；相反的，她为了能够给少数的老外客户提供畅通无阻的服务，坚持自学英语，偶尔有外国客户来到营业厅办理业务时，刘嘉绮总会以娴熟的业务及语言能力让外国客户感受到如沐春风般的优质服务，从而提高了公司的整体形象。除此之外，她还在自己的业余时间自学财务知识，并考取了会计师职称，为日后的核算工作做好了准备。在客服中心核算组，刘嘉绮更是勤于钻研工作中的难点和盲点，结合电力法律法规及供电营业规则等条例，不断地从系统及人工复核方面下功夫，力求对各种可能出现的差错进行追堵拦截，努力提高核算准确率。

　　在中山供电局的营销线上，一批又一批像刘嘉绮那样的工作者默默奉献着。他们义无反顾地在营销前线辛勤地工作着，在各个平凡的工作岗位上为广大客户提供着优质的服务。不论是直接的还是间接的，每个客户的满意程度就是全局电力人共同努力的结果。刘嘉绮荣获2011年度中山供电局"营销业务能手"的荣誉称号，在成绩面前，她没有自满，而是继续一贯的朴实作风，躬行慎独，坚持以自己的方式诠释"万家灯火，南网情深"的含义。

工作既是一种生存的手段，也是个人对社会的一份责任。一个人的工作做得好与坏，最关键的一点就在于有没有责任感，在于是否认真地履行了自己的职责。经常能听到一些推托之词"这不是我的错""我不是故意的"之类的推托之词，从这些语言中折射出一个人对工作失误或失职的掩饰，没有勇气承担起一份责任。每个人的一生都必须承担起属于自己的那一份责任，对于自己应该承担的责任，就要勇于担当。责任承载着能力，一个充满责任感的人，才会有机会充分地展现自己的能力；只有有责任感的人，才有资格成为优秀团队中的一员；相反，缺乏责任心的人，也就没有了充分发挥自己才能的舞台和空间。责任可以让人变得坚强，责任可以让人发挥自己的潜能。责任可以改变人对待工作的态度，而一个人对待工作的态度很大程度上决定了自己的工作成绩。在这个世界上，有才华的人很多，可是既有才华又有责任感的人却不多，责任和能力共存的人才是社会最需要的。

从某种意义上讲，责任已经成为人的一种立足之本。承担更多的责任，为成功而工作，就要全力以赴，充满热情地去做事，不论是为单位分担忧虑，还是为领导减轻压力，对上级给予支持，对同事给予帮助等都是出于你自己的意愿，最完美地履行你的职责。有些事情并不需要很费力气才能完成，做与不做之间的差距就在于责任。知荣辱，尽责任，立新功，只要自己肯做，世上就没有做不好的工作。只有我们在工作中清醒、明确地认识到自己的责任，履行好自己的职责，发挥和挖掘出自己的能力和潜力，工作才能由被动、压迫转化为积极、主动，这样才能享受工作的乐趣，享受取得成绩的乐趣。

慎独是一种情操，慎独是一种修养，慎独是一种自律，慎独是一种坦荡。慎独，就是富有高度的责任心。我们需要慎独，有慎独才能心安。

第四节　慎独是一种无言的坦荡

淡然自若，能够平静地面对自己，这样人生才能够坦然。实际上，有很多人都不是自己的主人，他们不能够完全地认识自己，从来都不清楚自己是谁，自己想要的是什么。所以经常很盲目地随波逐流，人家说什么他就做什么，不断地人云亦云，自然会感到事事无奈。能够在一切环境中保持平静、坦然心态的人，通常都具有高贵的品格和修养。我们要努力培养自己在心理上的抗干扰能力，能够冷静、自如地应对世间的千变万化。任凭周围风浪四起，都能够稳坐钓鱼台，这就是坦然的心态，坦荡的胸怀。

人贵慎独，智贵心悟

在现实生活中，我们时常自以为只有自己的想法才是最好的，但经常事与愿违。我们必须相信，在目前我们所拥有的，无论是顺境还是逆境，都是对我们以后的人生最好的安排。唯有如此，我们才能在顺境中感恩，在逆境中依旧心存感激。遇事淡然，生活中很多的事务都很繁杂，在我们心烦意乱的时候，在深思熟虑之余，需要我们斩钉截铁，当机立断，而不应该优柔寡断。俗话说："当断不断，反受其乱。"当我们左右为难的时候，在拖拖拉拉、犹豫不决、决而不断、断而不行的时候，就应该下决心。处理事情干练利落，果断抉择，当断则断，不拖泥带水。如果按照事情的轻重缓急、有条不紊地去办，就会少些焦灼不安，反而会为自己有良好的办事能力而高兴。果断处事是一个人良好生存心态的具体体现，断然处事的风格全来源于一个人良好的心态和气质，有利于人们始终保持富有激情和乐观向上的生存心态。

人生在世，总会遇到很多亟待处理的事情，比如简单从事，事情非办砸不可；比如犹豫不决没有主见，那一定会耽误事的。就像人们常说，生活有四种抉择是无可奈何的：饥不择食、寒不择衣、慌不择路、贫不择妻。饥不择食通常是用来形容急于解决问题，顾不得有所选择。人处在困境中的时候往往是最没有主意的，也是其意志最薄弱的时候，只要是对自己摆脱困境有帮助的事，都会毫不犹豫地去做。就像是一个溺水的人，哪怕是碰上一根稻草，也会当作有很大的希望。结果，往往会陷入更大的困境。所以，人在抉择的时候，就需要从容的决策，不可以乱中出错；人还要未雨绸缪，不让自己陷入艰难的处境中，之后再寻求摆脱问题的方法。当然，谁也不能预言自己会遇上怎样的境况，但是有一点自己还是可以做到的，越是处于不利于自己的境地，就越要保持高度的警惕性，沉着冷静。闲暇时间也需要我们在生活中保持宁静致远、心无芥蒂、不惹是生非、不终日戚戚的态度。这种心境，对预防亚健康状态也会大有裨益，这也是修身养性的一条途径。在我们独处的时候，还是要做到不急不躁，不气不馁，不怨天尤人，更不能惹事生非，始终宁静安然。保持清醒的心态、保持心情的平静，才能保持一种内心的清醒。有时候你不一定非得做什么，但你一定要知道自己正在做什么。

一位猎人捕获到了一头狮子，并把它关在了笼子里。狮子绕着笼子走来走去。这时一只蚊子飞了过来，问它："你走来走去做什么呢？"

"我在找逃出去的路。"狮子并没有找到任何可以逃走的出路，于是它只好躺下来休息，偶尔也起来走动走动。

"狮大王，你现在又在做什么呢？"蚊子问狮子。

狮子平静地说："我找不到出去的路，所以我只好躺下来休息，而且也活动活动筋骨。"

蚊子问狮子："猎人要杀你啦，你知道吗？"

狮子说："我当然知道。我始终知道我在做什么，想什么，这些天，我一直在寻找逃跑的机会。"

狮子最后没有等到逃走的机会，反而是等到了死亡，因为猎人杀死了它，剥下它的皮卖了钱。

这是一则寓言小故事，讲述的是一头狮子在无能为力的环境中如何保持自己内心清醒的一种精神状态，内心坦荡地接受现实发生的一切。有些时候保持清醒是一件令人痛苦的事情。人活在世，没有绝对的事。在现实生活中。有些世态的发展总是出乎人意料。正是因为如此，人世间才会有那么多悲伤和喜剧在不断地上演。因为在凡事绝对的世事中，总会有一些必然，也总会有一些悲剧属于一直不知道自己在做什么的人，也有一些喜剧则属于一直清醒地知道自己在做什么的人。只有保持头脑清醒，你才能了解周围环境的变化，也才能了解你该怎么做、事情最终发展的结果以及这个结果所代表的意义。就算有些时候你会感到无能为力，但你也要知道你正在做什么，无能为力的无所作为其实从另一个角度来说也是一种行动，这是经过深思熟虑后做的决定。保持清醒，你就会拥有一颗敏感的心，能预知环境的变化，尤其是人心的变化，并且不断地提高敏锐的判断力；知道自己该怎么做才能保持清醒，你就不会因为慌张、忧虑、不安而感到迷惑，你就会冷静下来思考，珍惜今天。

清心寡欲，持志不动

从前，有一个小和尚，每天清晨都负责清扫寺院里的落叶。清晨起床扫落叶实在是一件苦差事，特别是在秋冬交替之际，每一次起风的时候，树叶总会随风飞舞。每天早晨都需要花费很长时间才能清扫完这些树叶，这让小和尚头痛不已。他一直想要找出一个好办法让自己轻松一些。后来有个和尚跟他说："你在明天打扫之前就先用力摇晃树，把落叶统统都摇下来，这样一来，后天就可以不用扫落叶了。"小和尚认为这是一个好办法，于是在隔天当中他就起了个大早，使劲地猛摇树，这样他就可以把今天跟明天的落叶一次性都扫干净了。一整天下来，小和尚都非常开心。第二天，小和尚到院子里面一看，他完全傻了眼。院子里如往日一样遍地布满了落叶。老和尚看了说道："傻孩子，无论你今天怎么用力，明天的落叶还是会飘下来。"

小和尚终于明白了，在世上会有很多事情是无法提前预知的，只有认真地活在当下，才是最真实的人生态度。

库里希坡斯曾说过："过去与未来并不只是存在过的东西，反而是存在过和可能存在的东西。唯一存在的是现在。"

一天早餐过后，有人请佛陀指点。佛陀邀请他进入内室，耐心地聆听这个人滔滔不绝地谈论着自己存在疑惑的各种问题，数十分钟过去后，佛陀举起了手，此人马上住了口，心想着可能是佛陀要指点他什么。

"你吃了早餐吗？"佛陀问道。

这个人点点头。

"你洗了早餐的碗吗？"佛陀再问。

这个人还是点点头，紧接着又张口欲言。

佛陀在这个人说话之前说道："你有没有把碗晾干？"

"有的，有的，"这个人不耐烦地回答道，"现在你可以为我解惑了吗？"

"你已经有了答案。"佛陀回答，接着就把他请出了门。

几天过去了之后，这个人终于明白了佛陀点拨的道理。佛陀其实是在提醒他要把重点放在眼前，一定要全神贯注于当下，因为这才是真正的要点。

活在当下其实是一种全身心地投入人生的生活方式。当你活在当下，同时没有因为过去来拖你的后腿，也没有未来拉着你往前时的困惑，这个时候，你全部的能量就都集中在了这一时刻，生命因此也会具有一种强烈的张力，这些就是让生活丰富的唯一方式，除此之外的人们在精神上都是贫穷的。无事澄然，还要在闲暇的时刻保持自己的一份理想和志气，因为那是生命的意义和人生的终极目标。

"非淡泊无以明志，非宁静无以致远。"所谓的淡泊，无非就是清简素朴，少一点儿私欲。只有这样，谋私的心才不会再像火焰一样燃烧，像浪花一样在翻滚，像酒醉一样燥热，而是像镜子一样被擦拭得干净，像池水被沉淀过后的清澈，这个时候，高远纯洁的志向也就自然地浮现出水面，原本飘荡无主的心在此刻也终于尘埃落定了。

一个人的清心寡欲、持志不动正是人心向上的最佳状态。可是，在很多时候，人心都是浮荡与浮躁的，容易受声色犬马的诱惑，东追西逐，不知所措，消极的认为人心不再是美好的，而演变成了疯狂的浪子，放纵自己于名利场。中华文化中的英雄都有坚持己见的决心，也就是独立的精神。当马寅初说"我虽年近八十，明知寡不敌众，自当单枪匹马，出来应战，直到战死为止，决不向专以压服不以理说服的那种批判者们投降"时，当文天祥说"人生自古谁无死，留取丹心照汗青"时……无不洋溢着一股君子坦荡荡的豪气。人有所不为，有所必为，这正是中国传统所追求的英雄气概！

老子曰："淡兮其若海。"志得意满时更应该淡如海，骄傲侮慢更是要不得，仍然需要我们保持谦虚的低姿态，不狂妄，而是要坦荡自由，也不失为人生的根本。堂堂正正地做人，踏踏实实地做事。要想做到得意淡然，必须学会知足，只有知足才能常乐。失意泰然，茶冷也会留有余香。俗语有云："人一走，茶就凉。"用来讽喻世间的人情冷暖，世态炎凉。无论是英雄的暮年，还是美人的迟暮，这些都是令人悲哀的事情，因为他们在人们的眼里已经失去了应有的价值，甚至会遭到冷遇、挖苦、嘲笑。心境通明，内心坦坦荡荡，不为得与失来烦心，也有自乐的恬愉，这就是所谓的胸怀坦荡、淡定自然的人生真谛。不在乎表面上的附庸，而在于其内质。失意的时候别失态，泰然处之才是上上之策。人生在世不会事事如意顺心，在逆境中也不应该自暴自弃，只有学会知足，主动寻找生活的乐趣，才能避免患得患失的情绪，用坦荡的胸怀、通明的心境、良好的身心状态来迎接未来的挑战。

第五节　慎独的员工是企业最大的财富

对于员工来说，不论是普通工人、职员，还是管理人员，每个人面前也都只有两条路，一条通往优秀，一条通往平庸。你的命运完全在于你自己的选择。或许你和你的工作都很平凡，可是，假如你选择了用积极的精神状态和行为方式去面对工作，那么你同样能够摆脱平庸，迅速地向优秀靠拢。

优秀或者平庸全在于自己的选择

有的员工工作多年，却依然无法从中体会到成就，业绩不好不坏，工资不高不低。即便一时没有下岗的担心，也很难有晋升的机会。久而久之，这个员工开始嫌弃工作的乏味，抱怨领导的偏心，就是不去考虑一下自己和那些能够脱颖而出的优秀员工有什么不同之处，当然也就无法明白一个非常简单的道理：优秀或者平庸完全在于自己的选择，这就需要在日常生活中注重对深度的培养。

选择是人的一种本能。不需要经过特殊的训练，也不需要有特殊的才能，所有的人都能掌握它、利用它，因为它是每个人与生俱来的最重要的能力之一。假如我们能够正视这种能力，并且加以运用，就能让我们的生活完全改变，甚至达到理想的状态。选择能将失败转化为成功，将自卑转化为自信，将浮躁转化为沉稳，能让我们受伤的心灵得以痊愈，能让我们烦恼不堪的生活获得解脱，变得美满快乐。

在人生的旅途上，每一个人都会面对许许多多的人生的岔路口。每当我们走到一个路口的时候，我们都必须做出选择，在其中的一条路上继续走下去而不可能同时踏上两条路。

在普通的工作中尽足本分

有的员工说："我做的是再普通不过的工作，即使我做得再好，也看不到出路。况且，要做到优秀又谈何容易？"是的，虽然绝大多数人的工作都是平凡的，但假如你能做到优秀，就可以为自己创造更多的成功机会。实际上，许多的优秀只是平凡工作岗位上的优秀。只要你能够尽足本分，优秀的光环也终将会降临到你的头上。

古人有句话叫作："尽吾本分在素位中。"它的意思是说，我们在面对平凡的工作时，需要我们在心中存有一股认真做事的念头，在本分的工作中尽心尽力。你想成为古人所追求的"圣贤"吗？这可不是一朝一夕就能够达成的。其实，人要是有了"尽吾本分在素位中"的态度，那就有可能成为平凡工作岗位上的"圣贤"了。

假如说，古人强调的"尽吾本分在素位中"还只是出于道德修养的考虑的话，那么在进入市场经济社会的今天，尽心尽力地做好自己的本职工作就是市场经济的必然需求。如果没有这种态度，不但一个人很难保住工作，甚至连谋生也无法实现，整个社会也会因此陷入一片混乱中。

这是因为，从一定的意义上来讲，市场经济条件下的社会只是一个"我为人人，人人为我"的组织。一个人的生活质量通常取决于为他服务的许多人的工作质量。假如这些人缺乏"尽吾本分在素位中"的意识，就可能出现以下的状况：你要吃肉吃粮，但你买回来的却是火腿、面包这样的食物；或者是你要坐出租车赶火车，但司机嫌路途太近赚不了钱而拒载；又或者是你期望孩子能够学习好，但是教他的老师不会精心敬业。

这个时候，你是不是想对那些为你提供服务的人善意地提醒一句："请在工作中尽你的本分，行不行？"但是回过头来，你有没有反问过自己在工作中是否已经尽了本分呢，你所提供的服务是否会让别人满意？在自给自足的农业社会里，人们可以"万事不求人"，可是在现代社会里，人们离不开别人的工作和服务。市场经济社会就是一个互相服务的社会，只有做好自己的本职工作，才能让社会的财富大大提高；与此同时，我们的生活质量也才会得到大幅度的提高。

慎独是一种自觉的工作态度。这种自觉来源于我们对自己工作意义的理解，来源于我们对自己职业的热爱和自豪感。喜爱自己的工作，而不是把工作看作是纯粹谋生的手段，这样才会保证自己在工作中能够竭尽所能。

慎独，对他人和社会都是有利的，一个恪尽职守的人会对社会和团队尽职尽责。慎独，当然也有利于自己在职场中的地位。没有哪一个老板愿意雇用一个工作态度吊儿郎当、业务成绩一塌糊涂的人。

对于个人来说，理想的状态当然是能够从事自己感兴趣的职业或者工作。但是，世事往往难遂人愿，或许你以后会有跳槽的机会，可以重新选择自己理想的职业和工作；或许你会一直在目前的工作岗位上做下去。但不论最终的结果如何，你都应该尊重现有的工作，努力把眼下的工作做到最好，因为这个工作对你、对社会都是有利的。也许你现在因为不了解它的意义还不喜欢它，但当你真正地投入到工作中，并且了解和熟悉了它之后，说不定还是会喜欢上它的。即便你发现这个工作始终都不适合你，那也可以把它当成日后职业或工作的预备课。预备课也需要认真地准备，绝不可以敷衍了事。

一个经济学家曾经这样说："一个商品社会的成熟程度可以用其成员对自己职业的忠诚程度来衡量。社会成员具有强烈的职业道德意识是商品经济长期锤炼的结果。一个人如果不尽本分、玩忽职守，那必然会被淘汰，不像在德行的其他方面，如有什么缺点还不至于立刻威胁到自己赖以谋生的手段及饭碗。"

所以让我们对自己说："尽自己的本分吧！"不论有没有别人的监督，还是要认真、负责、高质量地做好自己的工作。即使有些人鄙视我们的职业，但只要它是有益的，我们就没有必要自惭形秽。如此下去，我们迟早会脱离平凡、走向成功的。

别让一些虚幻的想法毁了自己

你一定有过这样的经验：当你站在沙堆里，不论你怎么使劲跳，总是不如在结实的路面上跳得高、跳得远。实际上，做工作也是如此。假如你总是好高骛远，不能踏踏实实地做好平凡的工作，也就等于没有了坚实的基础，那又怎么能取得进步呢？

所以，不管你在做什么事、担任什么职位，都要脚踏实地、全力以赴，这样你才会越发的能干，同时心智也会逐渐成长起来，这也就等于为你追求更大的成功奠定了坚实的基础。

有的人会说："我这份工作不值得一做。像我这么聪明能干的人不应该做这么卑微的工作。"他不但轻视现有的职位，而且也毫不掩饰自己的不满、不快的情绪，不肯脚踏实地地工作，那么最后，他一定会因此而失去这份工作。到时候，自然就会有人来替代他。所以，实际上，真正受害的也是他自己，是他亲手毁掉了自己的前程。

实际上，好高骛远的人在人生操作上犯了一个大的错误。他们总是以为自己可以不经历过程而直达终点，不经历低俗而直达高雅，舍弃弱小而直达博大，跳过眼前而直达远方。心性孤傲、目标远大固然很好，但即使有了远大的目标，还是要为之付出努力的。假如只是空怀大志，而不愿意为之付出艰苦的努力，那远大的理想就永远只能是海市蜃楼，一文不值。

不能面对现实的人最大的失误就是不切实际，既脱离了现实，又脱离了自身的实际情况。这种人通常是这也看不惯，那也看不惯，或者以为周围的一切都是在有意地为难他，或者是对周围的一切根本不屑一顾。事实上，他们应该多多衡量一下自己有多大的本事，有多大的能耐，看看自己有什么缺陷，而不应该恶意地"以己之长比人之短"。

脱离了实际便只能生活在虚幻之中，脱离了本身便只能见到一个无限放大的自己。不能脚踏实地，所有的理想就只能是虚妄，所有的远大目标也不过是空中楼阁而已。事业就像汽车，而工作态度就像车轮，如果你不让车轮着地，那么汽车永远也不可能驶向远方。

满怀热情地投入工作

　　对于一名员工来说，他对工作的热情有多高，投入的程度就会有多深。满怀热情地投入工作可以将最乏味枯燥的工作变得趣味盎然。一个员工只要不乏热情，就不会缺少成为优秀员工的资本。

　　热情是工作当中最难能可贵的一种品质。对一个员工来说，热情就如像是生命一样重要：对工作充满热情的员工，可以培养坚强的个性，释放出巨大的潜能；对工作充满热情的员工，可以将乏味的工作变得活泼生动，从而对工作充满渴望，对事业形成一种狂热的追求；对工作充满热情的员工，还可以感染到周围的同事，从而建立良好的人际关系，让自身所在的群体变成一个强有力的团队；对工作充满热情的员工，更容易获得老板的赏识和提拔，从而获得更多的发展机会。

第 2 章

慎独，让自己的人生收放自如

慎独是一种人生境界，慎独是一种修养，慎独是一种高尚的精神境界，慎独也是一种自我的挑战与监督。"慎独"既是孔子的自我修身的方法，同时也是一种道德境界，体现在内在的道德意志和道德信念的坚定性上，不仅在古代的道德实践中发挥出重要的作用，而且对今天的社会主义道德建设，尤其是当代青年人加强自我教育、提高个人道德修养方面，同样具有重要的现实价值。

第一节　慎独之心，可以修身

古语有云："人之有能有为，使修其身，而昌其邦。"一个人要想有所作为，一定要先修身。

做人先要修身

良好的修养是最能体现一个人的品位和价值的，如果一个人的修养得到了提高和培养，那么这个人的个性和人格魅力就会在工作和生活中突出出来。在当今社会，在利益的驱动下，人与人之间的关系越来越受到影响，即便如此，非功利的因素在建立良好的人际关系中还是显得非常重要的。我们面对挫折的豁达程度、情绪的控制能力、认识他人情感的能力以及与他人交往的能力等都能够加强自身的修养，是畅行廉洁从业的重要课程。

在现在日益复杂的时代，企业领导和员工之间应该以"君子慎独"的古训为警戒，常修为政之身，常怀廉政之心，常思奢侈之害，慎独以修身，勤俭以养廉。即便现在的我们还只是一名平凡的工作在一线的普通员工，可是，修身、养廉、知廉事、重廉行等方面不能只是党员干部、领导管理人员的事，我们每一个人都应该以这些修身之道严格地要求自己，成为一名优秀的人。不论在职场中还是在生活中，勤俭以养廉都是一种必不可少的责任。不少的员工把追求生活质量摆在了勤俭节约的对立面上，日渐膨胀的虚荣心和无穷尽的物质欲望在这个互相攀比斗富的社会变成了一纸空文，它只会把我们的青春推进深渊。一个勤俭的人才会廉于行动，善于规划，才会掌握控制自己欲望的能力。俗话说："俭以养德，奢以败德。"力戒奢华，不论对个人一生的进步，还是对企业建设的发展，都是大有裨益而又必要的。"兰生幽谷，不为莫服而不芳；舟行江海，不为莫乘而不浮；君子行义，不为莫知而止休。"在企业中，每一个员工在慎独、修身、勤俭、养廉之时，都应该时时注意个人的言行，时时严格要求自己，时时想廉、事事思廉，这样才得以为企业的共同发展强化根基，固本培元！

从前，有一个又饥又渴的赶考秀才，途经一片熟透的桃林，虽然他对桃子充满了渴望，但最终他也只是咽了咽口水，就继续低头匆匆地赶路去了。别人问他为什么不摘个桃子解解渴，他回答道："桃李无主，我心有主。"

听完这个故事后，我们都应该像那位书生一样做一个"我心有主"的人，努力排除外界的干扰和诱惑，要做到"我心有主"则恪守自己的行为，以求做到"一念之非即遏之，一动之妄即改之。"

见贤思齐，勤于自修

慎独是一种人生境界，慎独是一种修养，慎独是一种高尚的精神境界，慎独也是一种自我的挑战与监督。柳下惠的坐怀不乱；曾参守节辞赐；萧何的慎独成大事；东汉杨震的"四知"箴言："天知、地知、你知、我知"；三国时期的刘备总结出"勿以恶小而为之，勿以善小而不为"；范仲淹食粥心安；宋人袁采的"处世当无愧于心"；李幼廉不为美色金钱所动；元代许衡的不食无主之梨，"梨虽无主，我心有主"；清代林则徐的"海纳百川，有容乃大；壁立千仞，无欲则刚"；叶存仁的"不畏人知畏己知"；曾国藩的"日课四条"：慎独、主敬、求仁、习劳，慎独就是心泰，主敬就是身强……以上的种种，无一不是慎独自律、完善道德的最佳体现。

"慎独"既是孔子的自我修身的方法，同时也是一种道德境界，体现在内在的道德意志和道德信念的坚定性上，不仅在古代的道德实践中发挥出重要的作用，而且对今天的社会主义道德建设，尤其是当代青年人加强自我教育、提高个人道德修养方面，同样具有重要的现实价值。它要求人们在道德修养的过程中逐步培养起自我监督、自我控制、自我调节、自我约束、自我批评、自我教育的能力；始终保持一颗敬畏之心，在独处的时候以此来鞭策自己，警惕自己不松懈，监督自己将那些不良的念头和思想遏止在萌芽时期的状态，让内心时刻保持着"诚"，注重自我内在素质的培养和提高。

心灵需要自我维护。拥有一份纯洁的心灵是智者所追求的，一旦心灵上有了污点，人生也就不再完美了。一个人在独处的时候，能够自觉地严格要求自己，才能进行自我约束、自我监督，谨慎地对待自己的思想、行为，防止有违道德的欲望和行为的发生，并能让正确的道德行为伴随主体自身，自觉地按照道德行为规范行事；把社会外界客观的道德准则，通过自己的学习和实践锻炼能力内化为个体的道德信念和道德意志，从而形成稳定的、持久的道德品质和道德行为过程，也是把道德的他律和自律相结合的要求。把"慎独"作为道德修身的方法，也是衡量道德自觉性、坚定性的行为准则，又是决定道德修养能否有效的一个重要的环节。能否做到慎独，决定着一个人的道德品行能否不断地向更高的境界中升华。所以，在高校的校园里，不论是老师还是学生，都应该时刻保持着"慎独"这种自我修养的道德境界，从而做一个有理想、有道德、有标准和有境界的"高校人"。

首先，在思想上高度重视，把"慎独"转化为一种个人的内在需求。孔子的"慎独"情怀是一种修养观；强调理性的自觉，重视修养过程中的知、情、意、行等方面的统一，注重发挥修身主体的主观能动性。

当代的青年人只有把道德变成自己内心的一种需求，才能够真正实现"慎独"。要从内心真正认知到"慎独"，不是为了别人，而是为了我们自己，认识到"慎独"在全面提升个人思想道德、修身养性上的重要意义以及以积极的态度进行"慎独"。

其次，在"隐蔽"处下功夫。在最隐蔽的言行上还能够看出一个人的思想，在最微小的事情上能够显示出一个人的品质。是别人看不见、听不到的地方，是一个人在锻炼自己的道德品行方面的重要场所。当代的大学生要学会在无人监督、无人督促的情况下，严格按照道德原则办事，当社会公利和个人私利发生冲突时，能够进行自我教育、自我监督、自我克制、自我完善，始终保持"慎独"的坚定性和自觉性，强调道德修养必须达到这种境界。

最后，要做到"慎独"，还要注重从"微"做起。小中见大，防微杜渐。一点一滴的"微小"的事情中才更能折射出一个人的内心品质，也更能培养一个人的思想道德素质。正所谓"勿以善小而不为，勿以恶小而为之""积小善而成大德"，当代青年人要学会防微杜渐，从看似微乎其微的小事情做起，在实践中不断地加强，逐步培养自己形成高尚的道德品行。

总之，"慎独"是道德修养的最高的境界，需要经过一个由不自觉到完全自觉的长期的一个过程。当代青年人要经常修从业之德，常怀律己之心，常思贪欲之害，常弃非分之想，勤于自修，坚持不懈，自觉律己，让道义精神伴随着主体之身，在长期的自我"慎独"的修行中穿越了心灵的"卡夫丁"峡谷，全力提高个人的思想道德修养，成为符合全面建设小康社会和构建社会主义和谐社会要求的合格的接班人。

鲁迅先生曾说过："我的确时时解剖别人，然而更多的和更无情的是解剖我自己。"由此看来，他深谙慎独的重要性。慎独之心时刻提醒人们：要严谨周密地做事，小心翼翼地做人。曾子说过："吾日三省吾身。"古人尚且有完善自我的人生理想，现代人就应该见贤思齐，力争达到这种修身的境界。

"慎独"有利于增强道德主体在修身中的真诚性。"慎独"必须以

"诚意"为前提。《大学》曰："所谓诚其意者，毋自欺也。如恶恶臭，如好好色，此之谓自谦，故君子必慎其独也。"可见，"慎独"离不开"诚意"。朱熹深知此道，他说："君子慎其独，非特显明之处是如此，虽至微至隐、人所不知之地，亦常慎之。"用"诚意"来诠释"慎独"，确实是深得本意。正是因为如此，只有诚心实意地坚持自我修身，才能把"慎独"落到实处。抛开"诚意"，"慎独"就是一句空话。很明显，坚持"慎独"有利于加强道德主体在修身中的真诚性。

第二节　侥幸心理是慎独的大敌

品德高尚的人在一个人独处的时候也能做到谨言慎行，不做愧对良心的事情；品德高尚的人在不良的社会风潮中也能坚持自己的原则和信念，不随波逐流。

提高自身的自控力

慎独，《辞海》中的解释是："在独处无人注意时，自己的行为也要谨慎不苟。""慎独"一词最开始出现在《礼记·中庸》中，"莫见乎隐，莫显乎微，故君子慎其独也。"它的意思是说：在最隐秘的言行上能够看出一个人的思想本质，在最细微之处的事情上能够显露出一个人的品质。

　　在充满诱惑的大千世界之中，一个人要想做到"慎独"，成为胸怀坦荡的君子，就需要有极强的自制力，做到慎始、慎终、慎权、慎欲、慎内、慎友、慎微、慎言、慎断、慎威。在现实生活中就要做到慎独，不可轻视"第一次"。一旦自律的第一道防线被冲破了，往往会"一泻千里"，一发不可收拾。"一"表面上看是最小的数字，事实上却是最"大"的数字，因为它是量变的开始，质变的源头。凡事没有"一步之错"，就不会衍生日后的种种错误。坚守"一"并非易事，它貌似轻微，但往往会让人掉以轻心，酿成大错。

　　方良受到父母的影响，从小就立下了"杜绝第一支香烟"的座右铭。前两年，方良参加了大学同学聚会，为了活跃气氛，主持人要求所有在场的人吸烟，包括在场的女士，大家都纷纷点烟。假如方良直接拒绝吸烟，必然会被同学责备为不助兴、不捧场、摆架子等。于是，方良就找到班上比较有威信、明事理的同学出面给大家解释了一番："因为方良患有慢性咽炎，给病号一个特例吧。"方良随即站起来给大家拱手致谢。方良的处事方式既给足了主持人面子，又杜绝了"一支香烟"的发生。很多烟民甚至吸毒者都是在聚会的时候碍于面子不幸成为"瘾君子"的。由此可见，"慎独"是一种力量，一种勇气，更是一种智慧。

　　慎独要有强烈的是非观，只有坚持高尚的情操，才会具有慎独的价值。孔子说："见贤思齐焉，见不贤而内自省也。"

春秋时候，卫国国君卫灵公和夫人夜间坐在院子里闲聊，忽然听到宫外车声辘辘，在车快行进到宫殿门前的时候，声音就戛然而止了，过了一会儿，才又听到车声渐渐远去。卫灵公就问夫人："你能猜出门外乘车而过的是谁吗？"夫人回答："这一定是蘧伯玉。"按照君臣之礼，经过君王门前应该下车徒步，其他大臣在白天都会遵守这一规矩，夜间就没有人会具有如此高的自觉性了。蘧伯玉是卫国有名的贤大夫，仁义而且聪慧，事奉国君谨小慎微，这样的人"必不以暗昧废礼"。所以说，这个在黑夜里还恪守礼节的人一定是蘧伯玉。第二天，卫灵公就派人去调查，果然不出夫人所料。

慎独不是做做样子的简单模仿，欺骗别人的时候其实也是在欺骗自己。在某著名的基督教堂，一位信徒急急忙忙地跑了进来，坐下后，在胸前画了个十字后，就马上拿出一本《圣经》，随便翻了一页，读了不到10秒钟，合上书又匆匆地离开了，前后间隔不到20秒钟。我们都能猜到这个信徒肯定有求于神，所以才有上述的表现。但这个情形也应了中国那句"临时抱佛脚"的老话。

"本我""自我""超我"

并不是每个人都有很强的自我约束的能力，只有用法律制度的震慑力为慎独保驾护航，才能公平地对待每一个公民，才会防止社会上的不道德现象的滋生。

澳大利亚墨尔本市内的列车相当于北京的地铁，是该市最主要的公共交通工具，乘客购票完全凭自觉，不会像其他的城市中的地铁在入口检票、出口验票等进行一系列的程序，但是全车厢里没有一个是逃票的公民。出现这种情况有赖于该地区严格的法律制度及严厉的执法人员树立起来的良好的社会风气。这样，即便在无人监督的情况下，大家也能做到慎独，尽管这种慎独是被动的。

虽然"乱世必用重典"的年代已经远去了，但是现代社会的和谐依然还是以法律和制度作为保障的，但"和谐"也不是没有原则的"和稀泥"，需要以"慎独"作为行事的准则。

慎独不是落伍，慎独也不是苦行僧。沉溺于酗酒、吸毒、贪污、电脑游戏者自以为是的为自己打上了"时尚"的标签，实际上只是想麻醉自己。吸食鸦片的"时尚者"被写进了历史的教训里，"落伍"的林则徐却被写进了时代的教科书。摒除生活上、工作中毒害自己的恶习，追求道德的最高境界，这是人生中的一大乐趣。"大我"和"小我"在心理学理论中的解释是，每一个人都具备三个"我"："本我""自我"与"超我"。

就目前来说，每个人都有两个"我"同时存在。一个是"大我"，一个是"小我"。"大我"指的是精神上健康的一面。它主要表现为：快乐、阳光、理性、自然、信任、大爱、谋略、积极、创造、开放。而"小我"指的是精神上不健康的一面。它主要表现为：消沉、阴暗、偏执、做作、多疑、自私、奸诈、被动、愚钝、狭隘。有些人一辈子都生活在"大我"之中，高风亮节；也有些人一辈子都局限在"小我"之中，黯淡无光。

　　在第二次世界大战期间，美国物资短缺，很多物资都要靠轮船从其他的地方运往美国，许多船员为此历经千辛万苦，并冒着生命危险护送这些物资回国，但依然难以改变"僧多粥少"的局面。

　　在二战结束之后，一群记者采访了一位功勋卓著的老船员："您为后方人民带来了物资，同时也带来了生还的希望，请您谈一谈对这份功绩的感想。"

　　老船员瓮声瓮气地回答："没有感想。"

　　记者追问："轮船被鱼雷炸翻过，被导弹击中过，您难道一点儿感想都没有吗？"

　　老船员平静地说："司空见惯了。"

　　记者还是想继续挖掘新闻，继续"启发"老船员："难道没有什么事让您留下印象吗？"

　　老船员的目光瞬间变得黯淡了，他在沉默了片刻之后，悲伤地说道："有两种声音让我难忘，第一种声音是战友在大海中挣扎时的呼救声；第二种声音是后方人员物资没有得到满足时的抱怨声。"

　　听到这一番话之后，热闹的现场霎时变得异常沉默。

"大我"并不一定是形象高大的英雄或者是名人。一位憨厚、善良的钟点工；一位甘愿为大家义务当"楼长"的70岁的老伯；一位常年免费接送尿毒症患者做透析的山东出租车司机……这种默默无闻的"大我"不需要任何的口头宣传，只要你知道他们的事迹，你就会由衷地向他们表示敬意。而那些靠炒作树立起来的"大我"形象，其实是"大"而不强，并不能让人肃然起敬。靠金钱买来的"大我"更像是空中楼阁，在阳光下很快就幻灭了。

有些人过去生活在"小我"之中，后来想通了、感悟了、升华了、净化了，从而升华为"大我"的境界。

也有一些人原本抱着"大我"的心态处世，但是，当他面对生活中出现的种种挫折后，没有及时地调整好心态，"大我"就被残酷的现实扭曲成了"小我"。

据报道，2009年12月26日凌晨2时许，广东外语外贸大学大三学生任某驾驶宝马轿车撞死了花都区一家酒店的服务员。事发之后，肇事者驾车逃离现场，很长时间内一直逍遥法外。肇事的任某和被撞死的服务员李某同年出生，都是21岁的年轻生命。

现实总是残酷的，不仅肇事者一直没有投案自首，就连肇事者的家人也一直没有露过面，受害者的家属曾寒心地说道："事发这么长时间了，肇事者及他们的家属连一个安慰的电话都没有打过。"

一个多月以后，在好心群众的帮助下，花都区交警总算找到了肇事者的家属，这是出事之后死者的母亲第一次出现在肇事者的家属面前。可是，令人气愤的是，肇事者的母亲不但没有表示出丝毫歉意，还厚颜无耻地说道："我们也是受害者，我现在也没有见到我的儿子，我也不知道他是生是死。"母爱本来是伟大的。可是，在遭遇了这样的变故之后，护子心切的母亲却表现得如此冷酷和自私。

面对受害者的家属，肇事者的母亲不仅没有丝毫的同情、内疚与自责，甚至对儿子的违法行为还给予了极大的包容。母爱原本是伟大的，是无数人讴歌的"大我"形象。而当母爱表现得如此冷酷与自私，当母爱被扭曲到这个程度的时候，却让人感受到这种母爱是如此的渺小和丑陋。

在我们的内心世界里，已经被"大我"挤得无影无踪的"小我"还是存在的，它只不过是躲在了黑暗的角落里面，被我们忽略了而已。趁"大我""睡觉"的时候，"小我"就会悄悄地溜出来。由此可见，不论多么伟大的"大我"，也只能算是一剂抑制"小我"繁殖的良药，不可能把"小我"斩草除根。所以说，天天加强自我修养，保证"大我"的强大是每个人必修的课程。

一个民族同样也可以分为"大我"与"小我"两个方面。没有高尚的精神境界的民族，就不可能有大的作为；没有良好道德观念的民族，也不可能赢得世界的尊重。在现阶段，中国经济发展得如此迅速，有很多人对物质的要求就越来越高，但思想却不一定会同步提升和完善。

看到国外赌场内进进出出、衣着光鲜的人们，看着无数靡靡之音下的迷失的人们，真替他们倍感惋惜、无奈。我们不得不思考一个民族在向世界展示大国雄姿之时的价值观、道德观、正义感、人格魅力、个人素养、工作能力等方面的问题。所以，做到"慎独"，避免侥幸心理还是急需实行的。

第三节　改正不良陋习，实现慎独

习惯的好坏决定人生的质量

假如人生是一条蜿蜒曲折的路，习惯就是铺筑这条路的石子；假如人生是一片汪洋大海，习惯就是聚集成海的水滴。人生的质量取决于习惯的好坏，假如我们有好的习惯，那么即使前方的路有曲折，最终也会通向顶峰，通向光明和美好；假如我们有好的习惯，那么即使湛蓝的大海有风浪，最终也会通向成功和幸福的彼岸……

根据研究显示，一个人一天的行为中大约只有5%是属于非习惯性的行为，而剩下的95%的行为都是习惯性的行为。由此可见，习惯的力量是强大的。而习惯又像一把双刃剑，养成良好的习惯就会终身受益，但要沉溺于坏习惯之中，就会在不知不觉中把自己给毁掉。实际上，绝大部分的人都想拥有一个良好的习惯，这就需要我们改正不良的陋习，实现慎独。

在寒冷的北极,有一只饥饿的狼,它在雪地里发现了一只死去的猎物。猎物已经被冻僵了,殷红的血迹透过层层的冰霜,没有逃过狼的嗅觉。狼不断地舔食着冰块,融化的血腥味飘散得越来越大,即便舌头被冰块冻得已经失去了味觉,但是吞咽下去的血水却是实实在在的,这更加刺激了狼的嗜血的天性,舌头也抽动得更快了。其实,狼没有发现,它正在舔食的其实是自己的鲜血,因为这冰块的内部并不是什么猎物,而是一把锋利的刀子。猎人在刀子上涂满了血,冻起来后再涂满,直到血迹和冰块完全掩盖住刀子的本来模样。狼就这样流血而亡了,这就是聪明的因纽特人捕狼的独有的方法。

每个人在生活、学习、工作中都有各种各样的习惯。习惯虽然从表面看来是一件小事,不会引起人们的注意,但是许多人就败在了不良习惯上。美国学者希尔说:"习惯能成就一个人,也能摧毁一个人。"

这句话意义深刻,它说明了陋习和良好的习惯对一个人产生影响的重要性。所以,我们应该善于纠正自己曾经有过的陋习,用一种正确而有助于提高效率的习惯来完善自己。

每个人的行为都是一种无形的资产,好的行为习惯给自己增值,坏的行为习惯则会让自己贬值。人生看似无痕,实际上有一条连绵不断、完整的因果链,你的有些行为或许你当时不在意,但其实你的每一次行为都关乎着你的幸福,你的未来。还是让自己良好的行为习惯在人生轨迹上留下印记吧!

在这里,提醒每一个人都要重新审视一下自己的言行,审视一下自己的仪表、仪容，审视一下自己的日常行为规范和礼仪规范，审视一下自己内心深处做人的原则，加强品格的自我修养和塑造。

生活里面需要的是我们自然地表露，而不是刻意地表演。有时成功和失败之间的距离，或许就在于这些生活中不经意间流露出的习惯和细节。伟大的教育家黄炎培先生曾主张："教育学生要有'金的人格，铁的纪律'，人格是人的第二生命。"认识到这个问题其实并不困难，困难的是怎样才能把一些良好的行为坚持下来，从而形成一种习惯和品质。

认识良好的行为，并坚持下去

要想做到这一点，建议青年人可以从以下几个方面入手：

◇牢固树立"学习、工作、尽责、助人是享受"的思想

培养良好的习惯。虽然在开始的时候会有一些困难，但是每当我们想起这些是为了掌握我们自己的人生而做的事情的时候，就会觉得非常有价值。养成了良好的习惯，我们还怕做不成大事吗？我们用"享受"的观念理解我们目前的学习和生活，我们就会发现许多不曾注意到的乐趣。人一旦有了好习惯，想停下来都很困难，实际上，坚持好习惯同样也是一种享受。

◇学会克制，不做有损于自己和他人的事情

养成良好的习惯是从杜绝那些坏习惯开始的。假如我们放纵了自

己，大错不犯，可小错不断，到头来积累的坏习惯多了，势必会害了自己，也害了集体。

◇确定目标，去模仿一名比自己优秀的人

事实上，上进心我们人人都有，这种上进心会促使我们和比自己优秀的人相比较，以他人为榜样，努力模仿他的样子去做，我们就会有很大的进步空间。在这里，值得引起青年人注意的是，确定的目标要符合自己的实际情况。目标的期望值就像跳高一样，定高了，往往会因为心理作用而达不到期待的高度；定低了，即便是轻松超越了过去，但往往也达不到自己预期的高度。

◇不断改进，完善自我

我们不可能不犯错误，但是，我们不能让这种错误形成一种习惯，所以在平时的学习和生活中，就要注意不断地完善自我，及时改正那些本不应该犯的错误，不断地给自己打气、加油，把好的做法坚持下来，让它变成自己的习惯。只有那些有毅力去坚持的人，最终才会成功。

"千里之堤，溃于蚁穴。"今天的一点儿小事，构不成违纪；明天的一点小事，算不上违规，但是问题都是从一点一滴中累积而成的。古人有云："勿以恶小而为之，勿以善小而不为。"我们应该时时刻刻、事事处处都把握好自己，从大处着眼，从小处做起，防微杜渐，警钟长鸣，让廉洁自律、奉公守法真正地成为一种习惯、一种自觉。

在《西游记》中，唐僧带着三个徒弟历尽劫难最终才取得真经。得到真经后，孙悟空的第一个请求就是希望观音菩萨取下他头上的"金箍"。菩萨却说，金箍只是当初为了束缚孙悟空的野性而设计的，如今孙悟空既然已经成佛，金箍自然就没了。听闻此言，孙悟空赶紧去摸，发现金箍果真没有了。孙悟空的顽劣是不能自制的，是严重的，甚至是目无师尊和法纪。为了约束他的行为，观音菩萨只好用"金箍"这个有形的规矩来束缚他，帮助他学会自制。取得真经后，那个能束缚住孙悟空的"金箍"不是真的没有了，而是它从有形的变成无形的了，由束缚孙悟空肉体的"金箍"变成了束缚他思想的自律意识了。

奥古斯丁曾经说过："习惯不加以抑制，不久它就会变成你生活上的必需品了。"世界上任何一个成功的人士都有着非凡的自制力。

三国时期，蜀相诸葛亮亲自率领蜀国大军北伐曹魏，魏国大将司马懿采取了闭城休战、不予理睬的态度对付诸葛亮。他认为，蜀军远道来袭，后援补给必定会不足，只要拖延时日，消耗蜀军的实力，一定能找到一个合适的时机，战胜敌人。

诸葛亮深知司马懿沉默战术的厉害，几次派兵到城下骂阵，企图激怒魏兵，引诱司马懿出城决战，但是，司马懿就是一直按兵不动。于是诸葛亮采用了激将法，派人给司马懿送来一件女人的衣裳，并修书一封说："仲达不敢出战，跟妇女有什么两样。你若是个知耻的男儿，就出来和蜀军交战，若不然，你就穿上这件女人的衣服。"

"士可杀不可辱。"这封充满侮辱轻视的信，虽然激怒了司马懿，但并没让老谋深算的司马懿改变主意，他强压住怒火并稳住了军心，耐心等待。相持了数月之后，诸葛亮不幸病逝于军中，蜀军群龙无首，悄悄退兵，司马懿不战而胜。

抑制不住情绪的人，经常是伤人又伤己。假如司马懿不能隐忍一时的怒气，出城应战，或许今天的历史就会重写。在现代社会，人们面临的诱惑越来越多，倘若人们缺乏自制力，那么就会被诱惑牵着鼻子走，逐渐偏离了成功的轨道。只有养成自制的好习惯，成功才会越来越近。

每一天所做的每一件事，几乎都是习惯成必然，习惯让人的手脚敏捷或者头脑变得笨拙。习惯在每时每刻都影响着人们的生活。习惯让行为自动化，并不需要特别的监督，也不需要别人的监控，无论在什么情况下，都能按照规则去行动。习惯一旦养成，就会成为支配人生的一种不可小觑的力量，它可以主宰人的一生。心理咨询专家胡志威研究发现，一个人工作、学习的好坏，20%与智力因素相关，80%与非智力因素相关。

一根矮矮的柱子和一条细细的链子，竟能拴得住一头重达千斤的大象，这是令人难以置信的景象，但却在印度和泰国随处可见。原来，那些驯象人在大象很小的时候就用一条铁链把它绑在了柱子上。因为小象的力量有限，不论它怎样挣扎，都无法摆脱锁链的束缚，于是小象就逐渐地习惯了这种束缚而不再挣扎逃脱，直到有一天长成了庞然大物。虽然它此时可以轻而易举地挣脱掉链子，但是大象依然选择了放弃这种挣扎，因为在它的惯性思维里，依旧认为摆脱链子是永远不可能的事情。小象是被实实在在的链子绑住了身体，可是长大后的象则是被看不见的习惯绑住了心灵。

从前有一头骡子，从小就在磨坊里拉磨，日复一日地围绕着石磨兜圈子，十几年如一日，兢兢业业。有一天，它终于老得再也拉不动石磨了。于是，主人觉得它劳苦功高，不忍心把它杀掉，就决定把它放养到旷野之中，让他在绿草地里舒舒服服地度过余生。但是这头骡子以前从来就没有享受过在蓝天白云下的自在生活，它已经失去了作为动物融入大自然的天生本能。在广阔的天地中，这头骡子唯一能做的就是在吃饱以后绕着一棵树不停地兜着圈子，直到最后死在这棵树下。

习惯的力量就是这样巨大。其实有些人并不比大象和骡子强多少，因为习惯性思维也经常是人类发展的桎梏。我们从小就养成了各种各样的习惯，并且被这些习惯所束缚，不假思索地按照自己的习惯去做事情。

人本应该是顺着自己的习惯活动的，就像物体顺着自己的惯性运动一样。人在习惯之中生活就会有一种很舒适的感觉，而且这种感觉和生理上的舒适有着直接的关系。在现实生活中，最可怕的不是我们拥有什么样的习惯，而是养成了某种恶习却不自知。就像我们在学校里，只知道背答案却不知道要养成独立思考的习惯，这让我们失去了重要的创新能力；在工作之中，只知道服从却不知道要养成如何提出更好意见的习惯，这让我们失去了很多发展的机会；在生活中，经常上网聊天看电视的习惯让我们失去了很多专心致志完成重要任务的时间。到最后，我们这辈子也就这样平庸地来，平庸地去。

第四节　怎样培养"慎独"的精神

《礼记·中庸》里这样说道："道者也，不可须臾离也。可离非道也。是故君子戒慎乎其所不睹，恐惧乎其所不闻。莫见乎隐，莫显乎微，是故君子慎其独也。"

我国古代的圣贤们很早就已经把慎独视为道德修养的最高境界。三国时期的曹植曾说过："祗畏神明，敬唯慎独。"宋代大学者周敦颐指出："圣学的全部要领只在于慎独。"明末大学者刘宗周更进一步认为："君子之学慎独而已矣，慎独之外别无学也。"他强调，人能慎独，就成为天地间完美的人。倘若人人做到慎独，各安其位，各尽其职，彼此和谐地发展，就能保证国治而天下平。

慎独要谨守"三慎"

《闻海瑞步行任有感》诗曰："步履淳安海瑞公，黎民疾苦挂心中。而今公仆何其众，几数英雄几数虫？"人们之所以提倡慎独，监督慎独，那是因为在众目睽睽之下，在大庭广众之中，人们比较注意检点自己的言行。一个人独处的时候，无人监督的时候，有的人就会忘乎所以，从而导致了在邪念的控制下越轨行事，甚至铤而走险。所以说，独处的时候可以显示出一个人的高尚的品格，但也最容易暴露出一个人的卑鄙龌龊。如何学会"慎独"之道？如何常念"慎独"之经？最直接的办法就是修炼慎独，谨守"三慎"。

▽一守——"慎欲"

在物欲横流的今天，的确需要"慎欲"。古人有云："悲欢离合谁无有，苦辣酸甜皆自求，倘能抛去名和利，心如皓月照水流。"名利虽然是一种荣耀，但是更多的时候是一种陷阱，让我们看不透彻其中真正的玄机。在追名逐利的过程中，一路急进，经常忽略了心中真正的想法，会被眼前的利益所迷惑，沉迷其中。在这个关键的时刻，理智已经控制不了混乱的思维了，结果就会让心灵疲惫不堪，也会造成很多严重的后果。欲望是个无底洞，古人有云："欲不除，如蛾扑灯，焚身乃止；贪无了，若猩嗜酒，鞭血方休。"有道是"壁立千仞，无欲则刚"。作为一名合格的公民，就要在生活上简单朴素，不贪图安逸和享受，洁身自好，不断地强化自身的思想道德修养，以免沉湎于物质的诱惑，否则，就像跌进蜜里的苍蝇，永难自拔。在各种欲望横行的现实生活中，作为一个合格的公民，就更需要站稳脚跟，守好自己的心灵家园做人，努力做到"满腔热血尽洒三尺讲台，两袖清风书写踏实人生"。

▽二守——"慎友"

鸟需巢，蛛需网，人需要朋友。近朱者赤，近墨者黑。倘若交上一个好朋友，对自己百益而无一害；倘若交上一个坏朋友，养成不良习惯，最终会违法乱纪，滑向罪恶的深渊。《论语》上说："益者三友，损者三友。友直、友谅、友多闻，益矣。友便辟、友善柔、友便佞，损矣。"三国时期的诸葛亮有一句至理名言："亲闲臣，远小人。"而且，人与人之间是一种复杂的关系，认识和鉴别他人是一件艰难的事情，但正是因为困难，我们才要慎重交往。

▽三守——"慎好"

古人有云："好船者溺，好骑者堕，君子多以所好为祸。"因为"上有所好，下有甚焉"，往往会有奸猾小人，投其所好，投机取巧，拉着你和他一起堕落。不良的嗜好就像一个有缝之蛋，很容易就被苍蝇叮上，从古至今被不良的嗜好毁掉的人大有人在。

清末杭州知府陈鲁，一不贪钱财，二不好烟酒，向来是百姓拥戴的一个清官。可是，他却有收藏古字画的兴趣爱好。余杭知县知道陈鲁这一嗜好，就投其所好，派人送来了一幅唐伯虎的真迹，陈鲁看过之后一直爱不释手，慷慨地"笑纳"了，最终酿成了大错。

人栖尘世，虽近百年，但关键处往往也就是那么几步。所以，我们不论在什么时候、怎样的情况下，都要念好"慎独"真经，把握好人生的每一步，走好每一步棋。

用慎独提醒自己，鞭策自己

"慎独"是自我完善的一堂必修课。越是在无人监督的时候，越是能够严格要求自己、做到谨慎从事、不做违法乱纪之事、不给自己找借口等心理暗示的人，他们就越能接近自我完善的思想境界。人一旦缺少了"慎独"精神，就会在无意间降低自己的职业道德水平，只求为个人开脱而忽略或无视工作和生活中的方方面面。最可怕的是这种思想一旦在日常工作中传染开来，就会变得人人效仿，时间一长，整个单位作风涣散的局面就成了必然，这样还谈什么团队的战斗力与向心力！"慎独"可以帮助我们抵制各种诱惑，它让我们明辨是非曲直，让我们的内心一片澄明。所以，就让我们用"慎独"二字不断地提醒自己，鞭策自己，严格要求自己，不断地反省自己，坦荡做人，踏实做事，做一个道德高尚的人，做到无论自己身居何处都是一个模样，不要让任何颓废消极的、慵懒无为的心理暗示滋生，这样才能让自己"正德厚生，臻于至善"，没人在你身边监督的时候，那个人才是真正的你！

修身养性做人做学问的道路最困难的就是养心，养心中最困难的，就是在一个人独处的时候做到思想、言语、行为谨慎。能够做到在一个人独处时思想、言语、行为谨慎，就可以问心无愧，就可以对得起天地良心和鬼神的质问。倘若一个人在独处的时候没有做过一件问心有愧的事，那么他就会觉得十分安心，自己的心情也常常是开心满足、宽慰平安的，做到"慎独"，是人生中追求自强不息的道路和寻找幸福的方法，也是做到守身如玉的基础。

慎独是以心修身、意念真诚、自我完善的过程。面对如今物欲横流、奢靡浪费的外部世界，我们需要时常审视自己的内心、言行举止，问问自己还满意自己当前的德行吗。当我们无所事事尽情地挥霍生命的时候，当我们通宵熬夜透支健康的时候，当我们以"天知、地知、你知、我知"为借口出卖原则的时候，当我们为了眼前的蝇头小利而出卖朋友的时候，当我们一个人独处时任意放纵自己的各种欲望的时候，是否有想到过我们曾经追求过的做人的基本准则？曾子有云："十目所视，十手所指，其严乎。"这难道不令人感到敬畏吗？所以说，做人是发自内心的诚实，不能有半点的虚伪作假的成分在里面。真诚地面对自己，内心的真诚会传达给外表，自欺的结果只能让你底气不足，那么自欺欺人还有什么用呢？真诚地面对你自己，无论在独处的时候，还是在大庭广众之下，都要对自己的行为谨慎小心，一丝不苟，时刻都要保持内心的专一，内心的真诚。经常自省内省，不断地清理内心过多的欲望，净化思想，洗涤内心的污浊和泥淖，不断地完善自我，提高自身的修为，这样才能让自己的道德品质日渐完善。

慎独是一个监督和约束"自我非道德性"萌生和出现的警铃。生活是一棵长满"可能果实"的大树，我们一生会遇到太多可能的境遇，没有比在那些不易察觉的地方更能表现出一个人的人格品质的，也没有比细微之处更能展现个人风范的。时刻做到"勿以恶小而为之，勿以善小而不为"。《论语》有云："吾日三省吾身，为人谋而不忠乎，为朋友交而不信乎，传不习乎。"这是自我约束、慎独自律的体现。自觉地要求自己，谨慎地对待自己的所思所想所行，防止有违反道德法纪的欲念和行为的发生，从而让道义时时刻刻伴随着主体之身周围。

慎独是悬挂在你心头的一记警钟，慎独是防止你跌进深渊的一道屏障，慎独是提升你自身修养走向完美的一座殿堂，慎独是一盏明灯，可以帮你照亮前行的路，明辨是非曲直。慎独是一味良药，可以让你内心澄明，精神奕奕。而拒绝慎独的修养，就像是放任"病毒"在自己的肌体内蔓延滋长，最终的结果就是彻底毁灭了自己。所以说，为人处事还是应该从大处着眼，小处着手，未雨绸缪，警钟长鸣；不只有慎独，还要慎权、慎欲、慎微、慎众，自重、自省、自警、自励，在独处中磨砺自我，在寂寞中铸就辉煌，并逐步把自己打造成为一个道德高尚的人，并共同把我们全社会的道德水平都推向更高的境界，让我们的社会更加文明，更加和谐。

第五节　流芳百世的慎独典故

一名地方官员为了升官而带上了银两，乘着夜色来到了这位知县的家中，在说明来意后颤悠悠地拿出银子，但是这位知县言辞委婉地拒绝了他的"好意"。这位官员见其执意不肯接收，于是便心急道："您收下这些银子有什么关系，根本就无人知晓。"知县正色道："怎会没人知道？天知、地知、你知、我知。"这名官员见知县是块难啃的骨头，只好拿上了银子，悻悻而去。从此该知县便留下了"四知知县"的美誉，成为流芳百世的"慎独知县"。

要想修炼自身，就要求培养高尚的品德。在中国古代，官府对于为官者自身的修养有着很高的要求，一直把"修身"作为培养品德情操的重中之重，放在首位。

见利应思义

"义即宜也""行而宜之之为义"。凡是古代为政清廉的人，他们无不以义为本，不为名利所诱惑，视"名节重于泰山，利欲轻于鸿毛"。在思想上能够清醒的地认识到，"罪莫大于欲，祸莫大于不知足，咎莫大于欲得""唯淡可以从俭，唯俭可以养廉"；在行为上善于以小见大，"临利不离义和廉""苟非吾之所有，虽一毫而莫取"。

据史载，战国时期的鲁国相国公孙仪特别爱吃鱼，人们都争着送鱼给他吃，但都被拒之门外。他的弟子们劝他说："你既然喜欢吃鱼，就该收下人们送来的鱼，为什么不接受呢？"公孙仪认真地解释道："正是因为我喜欢吃鱼，才不肯接受鱼。倘若我接受了别人的鱼，到时候就要迁就别人。迁就别人，就意味着要徇私枉法。徇私枉法，就难免会被罢官。倘若我的相国职务没有了，这些人也一定不会再给我送鱼了。到那时我又没薪俸自己买鱼，还能再吃到鱼吗？"

不贪为宝的宋国子罕，面对送来的价值连城的璞玉都不动心。送礼者称璞玉是个宝物，可是子罕却直言相告："你把玉石看成宝贝，我却把不接受你的玉石这种品德当作宝贝，还是让我们各有其宝吧。"

嗜鱼不受鱼，以不贪为宝，真可谓是"清节者不纳不义之谷帛焉"。

无功不受封，无功不受赐

儒家思想的开创者孔子认为，为政的目的大都在利和禄上，要"先事后得""敬其事而后其食""仁者先难而后获"，视不合道义的富足和高贵如天上的浮云一般。

孔子的得意门生曾参，因为不愿出来做官而漫游四方，他总是身着一件旧絮袍，手脚长满了老茧，有时候一连断炊几天，十年来从没有添置过新衣服。鲁哀公称赞他是一位贤者，于是想给他一块封地。曾参辞谢拒绝了，说："我听说接受别人恩惠的人，对施惠者常常产生敬畏感；施惠给别人的人，常常傲视他人。"为了不受人傲视或者是不敬畏别人，曾参最终也没有接受封地。

明朝初年的王琦，曾出任过御史，在山西、四川等地提学佥士。为官30多年，告退后回到家乡钱塘，在生活难以为继的困境中，他多次拒绝别人送来的东西，皇帝知道这一情况后，降旨表彰并赐给他100两银子。可是，即使他已几天没吃过东西，卧病在床，仍是吃力地说了句"臣坚辞不受"，便在饥寒交迫中死去了。显示出了一种"宁可忍饥而死，不可苟利而生"的名节和骨气。

清廉恐为他人知

在魏晋时期，胡质、胡威父子均以为官清廉闻名于世，人们赞颂他们是"父子清官"。胡质一生历任高官，清廉爱民，从来不看重钱财，不置家产。嘉平二年（250年），胡质病逝时，"家无余财，惟有赐衣书箧而已"。后来，朝廷追思清节之士，赐"谷二千斛，钱三十万，布告天下"。胡质在荆州担任刺史时，远离家乡未带家眷，从不回家探亲。他的夫人十分惦念，就让儿子胡威去探望父亲。因为家中贫穷，没有车马童仆，胡威只好风餐露宿，只身从洛阳赶往荆州。父子相聚十多天，分手时胡质送给儿子一匹丝绢，当作盘缠。胡威惊奇地问父亲："大人素来清高，不审于何时得绢？"当父亲告诉他这匹绢是从自己的俸禄中节省得来时，才谢过父亲上路去了。胡质手下的一名都督对胡威一人行路不放心，以请假探亲为名，瞒着胡质特意一路护送。当胡威弄清真相后，以绢相赠，促其返回荆州。不久，胡质接到儿子来信，为此十分生气，严肃地批评了那位都督，并革除了他的职务。后来，胡威也做了官，屡迁至太守、刺史、尚书。他一直为官清正廉洁，理政勤勤恳恳，一般上朝参政都不坐轿，朝迁给他的俸禄年年都拿出一些救济灾民。人们都称赞他清正廉洁不亚于其父。

有一次，晋武帝问胡威："你们父子都是清廉的人，比较起来，是你不如你父，还是你父不如你呢？"胡威不假思索地回答说："臣不如父也。"晋武帝又问："你父因何为胜？"胡威答道："臣父清，恐人知；臣清，恐人不知。是臣远不及父也。"作为封建士大夫，父子俱廉已属难能可贵，而胡威把廉不"宣"作为比廉的标准，在皇帝面前推崇其父，其原因除了出于对父亲的爱戴以外，还由于他把"廉洁"当成为官的本分，其思想境界更是令人敬佩、发人深省。

有些人只是依照道德法纪做了点儿廉洁的事，就到处张扬，唯恐别人不知道；有些人很腐败，也不忘请人弄虚作假，做出"廉洁"的假象，往自己的脸上贴金。实际上，廉无须张扬，贪也遮掩不住。老百姓的心里都有一杆秤：贪官必遭唾弃，清官必流芳百世。

不畏人知畏己知

慎独被圣贤先驱们看作是第一自强之道、第一寻乐之方、守身之先务。《礼记·中庸》有云："莫见乎隐，莫显乎微，故君子慎其独也。"郑玄注："慎独者，慎其闲居之所为也。"慎独的关键在于清心、诚意、寡欲、克己，不搞"暗箱操作"的无为之举，不抱侥幸心理，不论是私居独处的时候，还是在心中的隐秘之地，都应该做到"暗室不欺、内省不疚"。

在慎独方面，载入史册的要数明朝的李汰。李汰因在文章上很有功夫而受到朝廷重用。

有一年，李汰去福建主持秋闱考试，考试前一天夜里，有一名书生推门而进，从怀里掏出100两白银放在案桌上。李汰厉声问道："你这是干什么？"书生倾吐苦衷："李大人，这并非本人的意愿。穷人家的孩子读书不容易，中举人就更难，听人传说，科场中不走这条路，再好的学问也行不通。"李汰联想到以往考生行贿通路子、国家选才不当的弊端，便斩钉截铁地对书生说："这一回由我主持考试，金钱是打不开通路的，你把银子收起来，回去把心思用在考试上罢。"第二天，在考场的门上高悬着一块大匾，上面题诗一首："义利源头识颇真，真金难换腐儒心，莫言暮夜无知者，怕塞乾坤有鬼神。"

古人有云："修身、治国、平天下。"始终把"修身"放在首位，这正是中华民族优秀传统文化的精髓所在。我们都是优秀传统文化的继承人，非常重视修身养性、提高人格的重要作用，并在实践中不断创新和发展。今天，在发展社会主义市场经济的新形势下，不断提高我们的思想道德水平，要求自己做到廉洁自律的表率，这就是我们党根据时代发展的需要所赋予"修身"的新的内容，这也就要求我们要做到"四慎"，即"慎独、慎微、慎行、慎交"。

慎独的情操

第六节　没有慎独，就没有清廉这回事

　　古往今来，清廉一生的人多如牛毛，他们的故事被人们广为传讼，他们都用自己的一生精彩地诠释了清廉的内涵，他们所关注的都是社会的安定团结、百姓的困难疾苦。所以说，清廉是人格的支撑点，是人性的闪光处。

　　清廉不但对个人有着如此重要的影响，对一个国家的腾飞也有着不可忽视的重要作用。翻开史书，回首过去，国家的兴旺昌盛无不与清廉奉公有关。唐太宗能够重视吏治，打造了贞观时期的政治开明，为后来唐朝的强大打下了坚实的基础。明太祖对贪污受贿的行为严惩不贷，缔造了明初的兴盛发达。而与此相反的是，在国民党反动派统治时期，因为贪官横行霸道，政治腐败不堪，导致民不聊生，最终被人民解放军以摧枯拉朽之势推翻了它的统治。所以清廉的意义绝不仅仅停留在个人的表面上，它对整个社会的生存和发展，国家的繁荣和稳定同样起着巨大的作用。

　　自古以来，人们把清正廉洁视作衡量为官的高尚品格的道德准绳，而把贪污腐败看作是社会的严重的毒瘤。官廉则民附，民附则力强，力强则国昌。官员们的清正廉洁、克己奉公关系着社会的稳定、国家的未来和民族的命运。清廉就是不受腐朽的思想和行为感染，能够真正地做到清正廉洁。在"官场多龌龊、为官多不廉"的封建社会里，"出淤泥而不染"的为政清廉的人也并非凤毛麟角。他们都把清廉视作为官的操守、修养和人格，守身如玉，一丝不苟，最终成为千古美谈，至今仍然值得人们借鉴。

以民为本，做到勤政爱民

得民心者得天下。荀子说："上之于下，如保赤子。"执政者对于老百姓就应该像是爱护婴儿一样地关爱他们。要亲民爱民，以民为本。因为"水能载舟，亦能覆舟"。

在亲民爱民、关注民生这方面，清代的县令郑板桥就是个很好的模范。他有一首《题画竹》诗，形象生动地反映了人间的疾苦、社情民意："衙斋卧听萧萧竹，疑是民间疾苦声。些小吾曹州县吏，一枝一叶总关情。"在"三年清知府，十万雪花银"的清朝，官场贪污腐败，贪污纳贿蔚然成风，但身为知县的郑板桥却始终以清廉自守，勤政为民，不谋私利，始终把百姓的疾苦挂在心上，从这点来说，确实是难能可贵的。

为政清廉，就应该善始善终，不能虎头蛇尾。轰轰烈烈地上台，悲悲切切地下台，这些从来都不是群众想要看到的。"做人可以一生不仕，为官不可一日无德。"有些人刚上任的时候，还能做到关心群众，廉洁自律。可是时间长了，位置坐稳了以后，听顺了别人的恭维和奉承，习惯了别人的顺从和抬爱，律己之心就慢慢地开始懈怠，私欲也就慢慢地膨胀起来。感觉自己的身份、地位变了，不要说做到慎独、慎微、慎言，即便是吃点儿、收点儿、拿点儿、沾点儿，都觉得不碍事。古人有云："贪如火，不遏则燎原；欲似水，不遏则滔天。"要常怀着一颗敬畏之心，敬畏道德法纪的尊严威信，敬畏他人的利益希望，敬畏个人的道德操守。只有这样，才能做到"如临深渊，如履薄冰"，才能"做到立身不忘做人之本、为政不移公仆之心、用权不谋一己之私，永葆领导人勤政爱民的道德本色"。

善始善终，常怀慎独之心

汉代安陵人项中仙"饮马投钱"，决不做苟取之事；清代廉吏于成龙为官之初，面对苍穹立誓："此生为官，不为衣食！"这些封建官吏尚能坦坦荡荡，一身正气，两袖清风。以为人民服务为宗旨的共产党人更应廉洁奉公，勤政为民，时刻想着百姓疾苦，始终做到心中有廉。

内乡县衙有副对联说得好："吃百姓之饭，穿百姓之衣，莫道百姓可欺，自己也是百姓；得一官不荣，失一官不辱，勿说一官无用，地方全靠一官。"

一个人在单独工作、无人监督的情况下，就会有做各种坏事情的可能性。而做不做坏事，能否做到"自律""慎独"以及保持两者所能达到的程度，是衡量一个人是否坚持自我修身以及在修身中取得成绩大小的重要标尺。所以说，"自律""慎独"作为自我修身的方法，不但在古代的道德实践中发挥过重要作用，在当今的社会，对人生操守的引领仍具有重要的价值。我们更应该学会自律，学会做更好的自己，唯有自律，我们才可以自尊自爱；唯有自律，我们才可以自省自知；唯有自律，我们才可以自立自强。归根结底，做到慎独、自律，仍需要提高人内在的修养。

纵观古人为政清廉的典范，他们的思想境界和行为准则就像明朝《薛文清公从政录》中所叙述的那样："有见理明而不妄取者，有尚名节而不苟取者，有畏法律保禄位而不敢取者。"但不论属于哪一类，都有一个共同的特点，那就是注重道德修养，做到洁身自好，以不苟取、不贪占、不收受非分之钱财为美德。在古人清廉者的身上有着鲜明的时代特征和强烈的道德意识。由此可见，古廉今鉴仍具有"见贤思齐"的现实意义。

凡是立民为公，自觉性坚强的领导干部，都能做到清正廉洁，勤政为民，在自己的工作岗位上为人民建功立业，受到人民的拥护和爱戴。

有诗云："青莲美名千古扬，出淤不染性自刚。正气一身传正直，清风两袖播清香。人如秋菊斗霜雨，心似春兰立峰岗。政声人后留美誉，为官莫恋富贵乡。"这首诗说的是清廉，认为清廉是一种人生态度，"达则兼济天下，穷则独善其身"就是对清廉的一种诠释。

清廉是一种生活方式，"采菊东篱下，悠然见南山"是对清廉的一种真实写照。清廉是一种高尚品格，"千磨万击还坚劲，任尔东南西北风"是对清廉的一种高度赞扬。清廉是一种魅力人格，"粉骨碎身浑不怕，要留清白在人间"是对清廉的一种时代歌颂。清廉是一种脱俗境界，"出淤泥而不染，濯清涟而不妖"是对清廉的一种庄重的褒奖。

有人说，廉洁是一盏灯，在黑暗冰冷的夜晚，为人们增添一缕光明。此时此刻，我们深感庆幸，在开往祖国腾飞的早班列车上，我们竟是这般的及时，认识到清廉对人生的重要性，这种心情就像是在明日的日出怀揣无限的希望一样。世界精彩万千，清廉的日子虽然过得很平淡，但守住清廉心让我们感到很踏实。

人们总是幻想着辉煌，不想坚守平淡，殊不知，只有守得住平淡、清廉，才能把握得住人生的航线，那么就让我们乘着慎独的风帆，用我们的实际行动监督现实中的腐败，来歌颂生活中的清廉，用我们的青春和热血报答这片热土，用我们的智慧和勤劳铸造活力！

第 3 章

慎微是一门功夫

俗话说得好"小洞不补,大洞吃苦""千里之堤,溃于蚁穴",这些说的都是注重慎微,防微杜渐。我们唯有以审慎的科学态度,才能观察于细微处,目睹事件的始末。在社会主义市场经济条件下,各种挑战和考验接踵而至,必须保持头脑的清醒,对祸患的发端始终保持着警惕的心。

第一节　清醒头脑察于微

我国古代的文化典籍一向都非常注重细微事端，强调"轻者重之端，小者大之源，故堤溃蚁孔，气泄针芒。是以明者慎微，智者识几"。如今，同样要加强"慎微"，自觉地掌握量变与质变的规律，正确看待轻与重、小与大之间的辩证关系，把小事放到大业、细节放到全局之中加以掌控。这些对促进和谐、改善作风都大有裨益。

问题往往在顺境中前进的时候、赞扬之声不绝于耳的时候被掩藏起来，特别是那些处于萌芽和潜伏状态下的"隐患"，更是难以察觉，让一些人的头脑开始变得昏昏沉沉，身子飘飘然。可是，"患生于所忽，祸发于细微"，不见问题，本身就是一个大问题，不明"隐患"，本身就是一个大"隐患"。"唯有道者能备患于未形"，我们唯有以审慎的科学态度，才能观察于细微处，目睹事件的始末。在当今社会，各种挑战和考验接踵而至，而我们一直处于"赶考"的进程之中。这些"考题"有很多，也在不断地更新中，其中必考的一个大课题就是要保持头脑的清醒，对祸患的发端始终保持着警惕的心。实践证明，"所忽"者，绝不可能交出合格的答卷，放纵自己的欲望，只能落个淘汰出局、害民毁己的下场。

《明太祖宝训·卷四》中有云："不虑于微，始贻大患，终累大德。"慎微就是要防微杜渐，坚持做到"莫以恶小而为之"。俗话说得好，"小洞不补，大洞吃苦""千里之堤，溃于蚁穴"，这些说的都是注重慎微，防微杜渐。

"慎微"警惕温水效应

有科学家曾做过这样一个实验：先把青蛙放入装有沸水的锅中，青蛙突然受到强烈的刺激，拼命一跳，竟然从锅里跳了出来，挽救了自己的生命。可是，当把这只青蛙放入凉水中，然后再用温火慢慢地加热，便会出现另一番情景——青蛙最初在水里悠闲地游来游去，可是，当它感到水温太高想出来的时候，就已经精疲力竭了，丧失了跳出来的力量。

深陷厦门远华走私案的福建省公安厅原副厅长庄如顺，就像是一只被温水慢慢"烫死"的"青蛙"。庄如顺后来在监狱里反思说："对那种'疾风暴雨式'的腐蚀，我完全可以抵御，可对赖昌星这种'润物细无声式'的腐蚀，我防不胜防。"

汉代哲学家王符说："慎微防萌，以断其邪。"由此可见，慎微，是防止贪欲滋生、阻止邪念必须坚持的操守。所以说，对于有些人"放长线钓大鱼"的策略，对一些美其名曰的"感情投资"都要时刻保持警惕。

"小事节制，微处自律"，千万不要让自己成为在温水里被煮熟的青蛙。

慎微，要正确识"小"

"大节"和"小节"向来都是相互统一、互为依存的。对于领导干部来说，小节并不是小，在慎微情操的修养上，大节、小节，大事、小事本质上都是一样的。无数的事实都证明：一个在小节、小事上过不了关的领导干部，也很难在大节上拥有过硬的本领。古人有云："不矜细行，终累大德""道自微而生，祸是微而成"。这些至理名言都说明了慎微的重要性、必要性。所以说，领导干部都要严于自律，加强道德修养，小处不可忽视，坚持从小事中做起，并在持之以恒的积累中日臻完善，要树立"慎微"的意识。古人说："不虑于微，始贻于大；不防于小，终亏大德。"做人最忌讳的就是在小节上不慎，因为很多事情都是从量变发展到质变的。有些人错误地信奉"小节无害论"，以为吃一点儿、贪一点儿都无大碍，殊不知许多走上犯罪道路的人都是从生活中的一点一滴开始蜕变的。老子曾说："千里之行，始于足下。"这就是在教导我们要从小事着手，从点滴间做起，并要有持久的耐心和恒心。这是古人的智慧和经验的结晶，也是每个人获得成功所必需的品质。

从前有个叫勃特的石油公司的小职员，每次签名的时候他都把公司的名签写在下面，久而久之，董事长听说了这件事。由于被他的敬业爱业精神打动，就把董事长的位置传给了他。老子还说过："天下大事，必作于细。"勃特正是从小事中做起，不但

宣扬了公司的名誉，还取得了最终的成功，所以着手于细节才能
成功。

中国的销售网站——京东商城的CEO刘强东就是个很注重
细节的人。当他还在北京中关村开店铺的时候，他就亲自选货，
检查缺货，并在顾客买东西时注意他们细小的需求，久而久之，
他的生意越做越好了。正是因为他对细节的追求，顾客感受到了
贴心的服务，所以他走向了成功。

然而光是注意细节还是不够的，还需要耐力和恒心为其保驾护航。
假如勃特在初期因为人们的嘲笑而放弃，没坚持下来的话，也就不会有
后面的故事了。

我们经常为没有重视某些细节而付出惨重的代价，例如写错一个
字，算错一个数。我们也经常为一些细节而感动，例如一句暖人心的
话，一个细微的举动。而细节的背后就是人生，是情感，是事业。朱自
清说："细节就是一言一行之微，一沙一石之细。"一滴水可以反射出
太阳的光辉。同样的，一些不可忽视的细节也能够说明许多问题：可以
反映出一个人的观念，可以表现出一个人的修养，可以扭转一场比赛的
结果，可以改变一场战争的胜负……细节之中蕴藏着机遇，细节之中也
包含着真情。为人、做事一定不要忽视了细节；学习、生活也不能轻视
细节；观察从细节开始，知识从细节中来，文学从细节中出，哲学从细
节中入，人生从细节中领悟，文明从细节中做起，意义从细节中显现。
细节是属于细心人的……细节的花朵常常开放在生活花园中不为人知的
地方，细节的影子通常或隐或显于芸芸众生的举手投足之间。细节，需

要你用聪慧的双眼去观察；细节，需要你用睿智的心灵去体会。

细小的事情往往发挥着重要的作用，一个细节，可以让你走向自己的目的地，也可以让你饱受失败的痛苦。生活中的每一件事情都是由无数个小的细节构成的，每一部分都很重要，就好像是一条铁链，由无数个铁环组成，每一个环节都很重要，无论其中的哪一部分断了，整条铁链就变成没用的废铁了。每一个小的细节都会成为你将来成功的铺垫。每注意到一个小的细节，都会让你的成功多一分希望。每当你用心地去发现它们的时候，你都会有意外的收获。

第二节 从严要求禁于微

《淮南子·缪称》曾以"积羽沉舟，群轻折轴"作为比喻，提出要"禁于微"，旨在告诫人们应该从细小的事情上严格要求自己的言行，这种慎微的品行至今仍有借鉴作用。领导干部身负重任，一言一行都关系着人民的利益，所以更应该严格要求。从严，就是要重视细微之处。细微之处，也是最容易体现是否真正从严的标准。

为人处世有一条重要的经验教训就是防微杜渐。假如你对诱惑之"微"不严防，对蜕变之"渐"不严杜，那么，最终必然会丧失思想的阵地。从"小节无所谓"中原谅自己，放弃从严的要求，是领导干部永久保持本色的宿敌。小节和大节之间存在着由此及彼、相互贯通的桥梁，在生活作风上，小节不断地失守，必然会招致大节的全线陷落。修身养德必须禁于微，恪尽职守也一定要在这上面下功夫。

防止腐败要从"小事"做起，"不以恶小而为之"就要时时处处做到"慎微"。工作中、生活中的所谓的"小事"是防微杜渐中必不可少的底线。有一些人最终走上了腐化堕落、违法犯罪的道路，是因为他们生活作风的腐化、他们思想道德防线的全面崩溃。所以说，对生活中的"小事"忽视不得，糊涂不得，放任不得。"大节"和"小节"是很难区分开的，小节不保，大节难守。不论在"工作圈""生活圈"，还是在"社交圈"，都要时时刻刻检点自己的行为，自觉约束自己的行为，警醒自己，做到拒绝腐蚀，不过分放纵自己。

防微杜渐，要想避免大错误的发生，首先就要从自觉纠正小的缺点、小的错误做起，做一个谨小慎微的人，这就是慎微。我们也经常说细节决定成败，有时候所谓的微小与重大的差别并不是绝对的，甚至不是一种事实，而是取决于自己的信念，假如在你的心里认为它是一件小事，那么即使是大事也就变成了小事，反之亦然。我们的工作就是在做细节，做小事，就应该关注每一个细节，制度规定的流程是否已经被执行、对风险点是否能够做到事先认知与掌控、是否努力把工作引向深入、是否能够对工作进行不断地总结和回顾……这些都是需要注意的细节问题，需要长期坚持。对待错误的态度最能体现出一个人的素养，重复而细微的工作偶尔也会发生失误也是很正常的，关键是对待错误的态度和做法，假如不是主动纠正、改进，而是采用回避、掩饰的态度，那么长期积累下来的恶习就不再是小失误了，而是重大的错误，甚至还有可能演化为舞弊。

祸患常积于忽微

古之圣贤"修身"，都非常注重道德品质的修养，不但讲"君子慎独"，而且还讲"君子慎微"。《后汉书·陈忠传》曰："轻者重之端，小者大之源，故堤溃蚁孔，气汇针芒。是以明者慎微，智者识几。"所以，不论是普通的平民百姓，还是身居高位的领导干部，都要讲究言行的"慎微"。所谓的慎微，就是要求我们要注意小节、小事，微处自律。慎微，就是要防微杜渐，做到"勿以恶小而为之"。古人所说的"细微苟不慎，堤溃自蚁穴"说的就是慎微的道理。和慎独一样，它也是领导干部需要具备的基本修养。

汉代哲学家王符说："慎微防萌，以断其邪。"由此可见，慎微，是防止贪欲滋生、斩断邪念所必须要坚持的操守。君子慎微，需要的是人们时时、事事都持有高度警惕的戒心。

慎微，要自纠"恶小"

"恶小"说的就是小缺点、小错误。防止犯大的错误，就要从自觉地改正小缺点、小错误中做起。例如：喝点儿小酒，打点儿小牌，钓点儿小鱼，贪点儿小利……对于类似这样的生活中的小节，有些人就缺乏应有的重视和足够的警惕性，认为这样区区的小事都是无伤大雅、不足挂齿的。其实并不是像人们想象的那样简单。错误没有大小之分，结果都是错，如果马虎草率，放纵细枝末节，通常就会酿成大的错误，小问题终究变成了大问题，这样的例子数不胜数。再说，监督他人的操守品行都是从一些看得见、摸得着的小事情中判断得来的结果。

为人处世，既要把握住大节，更要在日常生活中的小事情上和细节问题上坚守住心灵的"防护堤"，防微杜渐，不因恶小而为之，而应该自觉改正。

慎微，要管得住"小"

"小"表现在许多方面，例如，个人的爱好是人的天性，或爱好琴棋书画，或爱好花鸟鱼虫，或爱好游山玩水……这样的"小事"做好了，就可以锤炼操守品行。但是，一旦与权力相结合，恣行无忌，不加以控制，就更容易出现问题。

我们应当以史为戒。越王好勇，一些人就开始斗凶斗狠；楚王好细腰，于是宫娥多死于饥饿。从中不难看出，上位者有所"喜好"，就会有人怀着各种企图投其所好的心理，结果往往被"喜好"所连累。管住自己的爱好，要好自为之，克制住，把握度，特别是对投其所好者，要有警惕防范的意识，才能不被爱好所害。

从细微处反复调整修正，方可"治之已精，而益求其精"。射击的精微准确、创作的精雕细琢、产品的精深包装，无不如此，愈调愈精，就愈能成就完美。对于领导干部来说，也同样需要对此做出不懈的努力。比如在学习中能够一点点深钻细研，"如切如磋，如琢如磨"，一步一步地从总体上领会本质，掌握到精髓；在调查研究中逐步地深究细核，去粗取精，去伪存真，逐步准确地把握住客观的情况……

不但要成为精益求精的决策者，而且要成为精益求精的执行者。绝不能"大概""也许"的做决策、干工作。求精，需要孜孜以求，没有对人民的极端负责、对事业全身心的投入的精神，是根本做不好工作的。

慎微，要勤为善"小"

"小事"不小，小事连接着大事，尤其是"群众利益无小事"。小事连接着民心，解决好了百姓中的"小事"，才能赢得民心，密切与群众之间的关系。勤为善小，要常常怀有做"小事"的细心。"小事"经常是千头万绪，不显山不露水，这就需要我们有耐心、恒心、决心和细心，不怕麻烦，不追逐名利，不怕坐冷板凳，吃得了苦，受得了累。要有做"小事"的策略，坚持深入实际，从一件件的"小事"、实事中做起，以做好"小事"为起点，为做大事打基础。

追求细节的完美不仅仅是一种力量，更是一种精神。很多成功的人士就是在细节上击败强大的对手，一举成名的。追求细节的完美，在小事上就要一丝不苟，这样才能成就大事上的出色表现。

海尔冰箱在国内市场连续18年销售第一，并走出国门远销海外，就是因为细节。在海尔冰箱生产的车间里，工人们从门口开始穿上白袜子工作，出来的时候，制造总监就要仔细检查白袜子上的受污程度，这是海尔冰箱对于现场环境清洁的特殊的检测手段。干净清洁代表着完美的追求、兢兢业业的敬业精神、精益求精的工作作风。追求细节的完美，洞悉每一个细微之处。

约旦决定建造个国家核电站，向全球20多个国家和公司发出了招标的倡议书。日本公司本以为胜券在握，可是最后中标的却是比利时公司。比利时公司这样解释道："核电站将会建在沙漠里，不会占用有限的土地资源，多出来的钱主要用来建设核电站周围的绿化设计。"原来，约旦五分之四的国土都是沙漠，约旦人对绿化与环保有着异常强烈的渴望。而比利时公司的成功，就来源于他们对人文细节的重视。

细节上的完美是过硬的质量，是无往不胜的力量。往往细节上的完善程度能体现一个人最基本的职业素养，以小见大亦能用在评价一个人的能力上。正是因为如此，追求细节的完美在奋斗的道路上才显得尤为重要。追求细节上的完美，追求细节上的无懈可击，一定能让你走向成功，走向卓越。

美国成功学大师戴尔·卡耐基曾说过："一个不注意小事情的人，永远不会成就大事业。"细节就是专业，注重细节是一种认真负责的工作态度。无论大事小事，只要是忽略了细节都会给工作造成不同程度的影响和损失。所以，企业的员工中的一项基本的素质就是要求在态度上一定要认真。严谨的工作态度才是做好细节的前提条件。

余世维博士对此提出这样的忠告：提高执行力，就是希望我们在工作中要树立严谨些、再严谨些，细致些、再细致些的作风，改变心浮气躁、浅尝辄止的毛病，以精益求精的精神不折不扣地执行好各项重大战略决策和工作部署，把小事做细，把细节做精。

　　家乐园，邢台的龙头企业，不管是决策层，还是管理层，抑或是执行层，甚至是每一位基层的员工，在完成每一项工作的时候，都能以追求完美的严谨态度和敬业精神去完成，这样的企业势必会发展得更快。他们天天在晨会上高喊："对于我经手的每一件事，都要贯注深切的爱心，让每项工作有效益，让每位客户都满意。"这不仅仅是一个口号，关键是如何应用到工作中去。家乐园如今在邢台已经很有影响力，在老百姓眼里也有很好的声誉，可是这些成就还需要努力去维护。公司现在正推出"三大承诺"，这更是一个良好的契机。一个企业的核心竞争力不是表现在每个人在会议发言时的慷慨陈词上，而是表现在他的每一位干部、每一位员工都能把领导交代的工作保质保量、一丝不苟、尽善尽美地完成，这就是执行力，这也就是企业的核心竞争力。

丘吉尔有一句众所周知的名言："民主不是最好的，但我们实在没有比它更好的东西。"事实上，现实生活对每个人来说都是不完美的，完美只是一种追求。因为世上存在不完美，所以人们才会有动力，才能够促使人们思考转变；因为不完美，你才会有改变、创造和进步的空间，才能体味到改变和创造给你带来的幸福和快乐。

我们追求完美，即使达不到目标，我们也决不能因此而放弃，决不能有厌世颓废的心态，也不能把一切寄托于虚幻的乌托邦之中。现实生活中的我们要正视生活中的不完美，实际上也就是摆正了心态，把自己真正回归到了一个正视现实、承认现实的健康心境，有向往才会有动力，有追求人生才会有滋味，我们要带着放大镜来看待生活，不要戴着有色眼镜鄙视生活。要始终保持乐观向上的健康心理，在追求完美中追寻快乐，在不够完美中寻找差距，砥砺奋进。

　　人之所以从懂事那天起就开始奋斗，就是因为我们的生活中还存在着很多不完美的地方，就是因为我们的人生中还存在很多坎坷，所以，我们奋斗的过程就是在弥补我们的不完美。记得法国罗曼·罗兰曾说过："人生是一场无休、无歇、无情的战斗，凡是要做个够得上称为人的人，都得时时刻刻向无形的敌人作战。"人的一生没有完美，我们必须付出毕生去追求，去奋斗，只要我们努力去追求了，那这个过程的本身就是一种完美。

　　造物主就是这样，一开始就将人间万物存留缺憾，让人们在不完美中追求完美，让世间万物在矛盾中生存，让社会在相互作用中不断地前进，让时代在不断创新中更迭，让人类在不断追求中尽善尽美。

第三节　精益求精调于微

细节的本质就是经过一个长期准备的过程，从而收获的一种机遇。细节是一种习惯，是一种积累，是一种眼光，也是一种智慧。只有保持这样的工作标准，才能注意到问题中存在的细节，才能做到为让工作达到期待的目标而思考细节，才不会为了细节而追求细节。在工作中，假如我们关注了细节，就可以把握住创新的源头，也就为成功奠定了基础。

细节在工作中、生活中无处不在，它通常表现在瞬间，善于抓住机会的人就能够把握住细节，这需要用心才能够实现。老子曾说："天下难事，必做于易，天下大事，必做于细。"细节就像沙粒、水滴，被有心者收藏、汇聚，最后汇聚成大漠、江海。细节之中往往蕴涵的就是决定成败的玄机。

在工作中体会认真做事的精益求精的态度，只有把事情做对，用心做事，才能把事情做好。把一件简单的事做好就是不简单，把一件平凡的事做好就是不平凡。如果每个人都能热爱自己的工作，精益求精，那么我们不但会把事情做对，而且会做得更好，成功将会离我们不远。甘于平淡，认真做好每个细节，才能把简单的事做得不简单，把平凡的事干得不平凡。这就是细节的魅力，是水到渠成的惊喜。我们都应该在细节中求发展，在细节中求完美。

做事精益求精是一个习惯问题。但假如不能持之以恒，也只能是想得通，做不来。即便能做得来，也不会坚持长久。而细节的习惯是要用心来养成的。对于我们政工干部来说，应该从下属的日常行为和学习习惯抓起。认真对待他们的每一件小事，促使他们珍惜时间、自觉学习、不畏艰难，勇攀高峰，引导他们树立正确的人生观、世界观、价值观。

工作贵在精益求精。要做到一厘一毫都不放过，一丝不苟的精确度。差距就在"毫厘"处，问题也出在"毫厘"里。

一次对外贸易活动中，由于工作人员的疏忽，将数字100.00万中的一点漏掉了，结果造成的损失高出100倍；另一次贸易活动中，也是由于疏忽，把一重要函件的寄达地点——乌鲁木齐中的"乌"字多写了一点，变成了"鸟鲁木齐"，导致函件无法按时寄达，耽误了约定的时间，使一宗大买卖告吹。

古往今来，这样多一点或少一点，失之毫厘、差以千里，损失惨重的事故留给我们深刻的教训。它时刻警醒着我们：问题出在"毫厘"中。又如体育赛事，在决赛的时候，通常是以微弱的差距显出水平之高低。跳高冠军与亚军通常以厘米之别成了分水岭；短跑冠军与亚军往往以零点几秒之别分出了胜负……成败就在"毫厘"之间。由此可见，我们需要精益求精。要想做到精益求精，就要有强烈的工作责任心，在工作中注意力高度集中。只有注意力集中，才能防止发生差错，才能在毫厘之中创造奇迹。阿基米德在澡盆里洗澡的时候，就是他注意力高度集中的时候，从而发现了浮力的原理。对于工作就要精益求精，就要养成一丝不苟的良好习惯。处理每一件小事，在结束的时候都要坚持"回头看"一下，检查是否有漏洞、有差错，这样才能把事故消灭在萌芽的状态下。

成功并不是遥不可及的，许许多多被成功拒之门外的人之所以会失败，是因为他们在面对困难和缺陷的时候，选择了退缩和放弃。"人无完人"，每一个人都会有缺陷，工作中的缺陷我们要认真去面对，绝不能设法逃避。面对困难时，我们要用理性的态度去面对，循序渐进，认真务实，不断改进，总结经验，加强学习，永续精进的做事原则，让自己在工作实践中成长起来，在学习中不断改进、精进。每天进步一点点，坚持下去，你就会不断地认识自己，超越自己，在不知不觉中实现自己的理想。

没有最好，只有更好

没有最好，只有更好。在工作中，不满足于已经取得的成绩，这样的心态就会促使我们去精益求精，不断地追求完美，向更高、更完善的境界攀登，这样的员工不但把工作做得很出色，而且还会有无限的发展潜能，他们会不断地刷新自己的纪录，用更好的表现凌驾于昨天的成绩之上。作为一名领导，自然会格外青睐这样的员工。

巴西足球名将贝利在足坛上初露锋芒时，曾经有记者问他："你哪一个球踢得最好？"他毫不犹豫地说："下一个！"而当他在足坛上叱咤风云，已成为世界著名球王，并踢进了一千多个球以后，记者问到："你哪一个球踢得最好？"他的回答依然是"下一个"。

贝利的"下一个"球的确发人深省。有人认为这表现了他谦逊的态度，可是，更为重要的是反映出了他不满足于现状的精神，他没有满足于今天的"这一个"，而是把最好的一个球永久地锁定在永无止境的"下一个"之中。

正所谓"没有最好，只有更好"，工作也同样如此，不厌精、不厌细，只有不断地提高要求，才会觉得永远没有绝对的最好。

所以，我们只有努力把工作做到更出色。领导才为你的努力和追求感到高兴，也会为你的更好感到高兴，还会重用你，当然你也会有升迁的好机会。

成为行家里手，做不可或缺的优秀员工

出色员工的与众不同之处在于：一招鲜，吃遍天。他们通常善于经营自己的长处，把一件事做精、学专，成为某一领域的行家、专家。所以，不论市场竞争如何的残酷，身怀一技之长的员工都能立于不败之地。所以，就要学会选择某一核心点，让自己成为公司不可或缺的人物。实际上，我们每个人所拥有的才能都是独特的，每个人的特长也是自己成长的最大空间。人之所以会成功，不是因为他弥补了某一个缺点，而是因为他最大限度地发挥了自己的优势。

经营自己的长处，首先要善于发现自己的优势，许多人以为他们自己很清楚自己的长处所在，其实并不是这样。很多人总是拿自己的缺点

去和别人的长处作比较，比来比去，最后连自信心都没有了，不是觉得自己处处不如人，就是觉得自己一无是处，随后就会说："我实在是太平凡了，根本没有什么特殊才能。"其实这种想法根本就是无稽之谈。

古人有云：天生我材必有用。我们每一个人都有自己独特的地方，即便是那些看起来很寻常的人，也会在某些方面有些特殊的禀赋，不可能一无是处，只要我们用心去发掘，就一定会发现那些被你忽略的"闪光点"，不要多，只要一点点就够了。

在一个国际大饭店里，有这么一个很不起眼的服务员。他既不是大厨，也不是领导，只是给大厨做下手帮忙，做一些洗菜、择菜、切菜的工作，有时候还得帮忙端盘子上菜。不过，他也有自己的一手绝活，就是做苹果甜点。这个不起眼的小菜深得一位贵妇人的赏识，她甚至为了能吃到这个甜点在这个饭店里租了一套客房。

所以说，假如你想在职场中收获成功的话，就不能脱离自己最擅长的地方。在工作中，你最擅长的事情可以是一种手艺、一种技能、一门学问……你们可以是厨师、木匠、裁缝、鞋匠、修理工等，也可以是工程师、设计师、作家、企业家或领导者等。

美国管理学者华德士提出：21世纪的工作生存法则就是建立个人品牌。他认为，不只是企业、产品需要建立品牌，员工也同样需要在职场中建立个人品牌。所谓个人品牌，就是作为一名员工在职场中的比较优势。竞争并不可怕，可怕的是发现自己没有特别的优势。所以，从现在开始，发现自己的优势，经营自己的优势，让你的领导一下就能记起你："哦，这项任务由你来胜任再合适不过了，他具有这方面的优势！"

我们要想把自己的工作做到没有缺陷，就要努力保持对完美的不懈追求，对自己的工作精益求精，全力以赴，尽量完美地完成，这样你才能得到大家的赏识。追求完美的工作表现并不是说让你单纯地追求工作的业绩，也不是指一种生活的标准，它实际上是一种心理状态，不满足于现状的一种工作表现，要想做到最好，就需要你尽最大的努力，因为这样，你才能成为不可或缺的人物。人们不可能一直做到完美，但是在我们不断加强自己的力量、不断提升自己、不断完善自我的过程中，我们对自己要求的标准就会越来越高，在这种不断追求中，我们才可能一步步走向完美，这就是人类精神的永恒本性。

第四节　慎微者更易得到机会

生活因小事而精彩

"勿以恶小而为之，勿以善小而不为"，古人尚且还在强调为"小恶"的严重性以及为"小善"的重要性，我们又怎能去忽略这样的"小事"呢！

牛顿因被苹果砸到而产生了疑问，经过不懈的探索，终于总结出伟大的万有引力定律；瓦特因为小时候看到壶盖被沸水顶起，最终对蒸汽机进行了改良；莱特兄弟更是因为看到小鸟在空中自由飞翔，经过千百次的实验后，最终成为飞上蓝天的第一人。

他们都是因为对小事情产生兴趣并坚持探索的人，最终才获得了骄人的成果。

"感动中国"人物中的新疆"羊肉串"大叔，他每天的收入虽然不算多，但他却一直坚持捐款长达七八年且一直到现在也未停止，因为他的善良和坚持，让千百万的中国人感动，比他小十多岁的妻子也正是因为他的坚持和良善一直守护在他的身边。他的默默付出经时间的锤炼变得灿烂夺目。

在网络中热传的"垫钱哥"刘胜阳，为患者一垫就是十四载，他一次次的垫钱的举动让很多人真实地感受到了"白衣天使"的温暖。垫钱虽然是件小事，但却因坚持铸就了感动。

林徽因的儿子梁从诫，自61岁放下历史的研究，投身于环保事业，经过四处奔波领导创建了中国第一个群众性会员制的民间环境保护组织——"自然之友"。他们都是距离我们不远的人，他们是与我们一样的平凡的人。他们也是因小事的坚持而赢得了全中国掌声的人。

由此看来，不论是伟人还是普通人，只要你在小事上坚持不懈地努力，就会获得相对应的收获。所以说，生活因小事而精彩，小事因坚持而成功！

还记得一个小数点的悲剧吗？正是因为疏忽了一个小数点，却导致了全舱人员一起走向死亡之路；还记得为什么没有接受过高等教育的爱迪生最终却能成为伟大的发明家吗？正是因为他关注生活，留心生活中的每一个细节，并加以思考、坚持不懈探索，最终成就他的大事业；还记得多转一次线圈的发明吗？当时也有很多人像贝尔一样在研究电话，但是，最终是贝尔最早取得了成功。为什么幸运女神如此眷顾贝尔呢？正是因为他在研制的过程中无意间多转了一次线圈，而他因为自己的细心，注意到了这个不寻常的细节，最终成功地发明了电话。

　　生活中有无数的细节需要留心观察，因为在细节的周围往往蕴藏着决定你人生命运的转折点。你或许会因为一个毫不起眼的小细节而"春风得意马蹄疾"，也有可能会因为一个日常的小细节而"一失足成千古恨"。生活中并不缺乏你成功的机会，关键在于你是否拥有关注细节的眼睛。

　　细节决定了人生的成败。历史是一面明镜，已经为我们照出了许多前车之鉴。要想成功，并不是靠自己那一味无知的想象，而是靠自己那超乎常人的智慧，依靠细节，因为细节决定了你的人生是成功还是失败。上帝总是眷顾喜欢关注细节的人，你一旦留心了细节，上帝就会向你微笑。让我们关注细节、思考细节、依靠细节，因为，细节决定了你的人生成败！

　　除了要留心平时的细小事物外，细节还存在于我们的思考中，办事中。我们铸就事业的过程就好比是一条珍珠项链，链上的颗颗珍珠便是一个个细节。假如某一个细节被忽略了，或是出现了问题，整条项链就会全线断开。或许，你曾经因为记错一个数字而把考试考砸了；或许你曾经因说错一句话而把工作给丢了；或许你曾经因选择错误而把前途毁掉了。在杞人忧天的时候，更应该埋怨的，是粗枝大叶的自己，是自己的暴躁冲动，因为一个小小的细节，让自己与成功失之交臂。

俗话说得好："小时偷针，大时偷金。"罗曼·罗兰曾说过："我最喜欢做小事情。"这一句句金玉良言，一声声暮鼓晨钟，无不在向我们演说着：细节是沙，积土成山；细节是水，积水成渊。无数的细微、细节铺就出我们通往成功的道路，给我们指明了前进的方向。我们走在自己的人生的道路上，走在每一粒沙上，都要脚踏实地，巩固好每一粒沙。在征途上种上一颗长青之树，防风固沙，让细节成为我们生命中的绿洲！

王明和李红同年大学毕业后，被同一家批发公司录用。他们二人工作都很努力。然而，几年后，老板提拔李红为部门经理，而王明还是一名普通员工。王明再也无法忍受，冲动之下写了一封辞职信，并抱怨老板不会用人，不重用那些敬业的员工，只提升那些奉承他的人。

老板知道这几年王明工作确实很努力。他想了一会儿，说："谢谢你对我的批评。但是我只有一个请求，我希望在你离开之前再为公司做一件事情。或许到时你会改变决定，收回辞呈。"

王明答应了。老板让他去市场找到一个卖西瓜的人。王明去了并很快回来。他说他找到了一个卖西瓜的人。老板问他每千克多少钱？王明摇摇头，回到市场去问，然后又回来告诉老板每千克1.2元。

老板让王明等一会儿，这时他把李红叫到办公室。他让李红去市场找到一个卖西瓜的人。李红去了，回来之后说："老板，只有一个卖西瓜的人，每千克1.2元，每10千克卖10元。这个人一共有340个西瓜，其中58个放在货架上，每个西瓜重约2千克，都是两天前从南方运来的，新鲜，红瓤，质量好。"

王明受到很大的触动，他意识到自己与李红之间的差距。他决定收回辞呈并向李红学习。

成功的人更擅长观察、勤于思考和摸索探求。机遇就存在于生活的细节当中。同样的一件事情，一个成功的人会看得很远。有些人看到一年后的情景，而你只看到明天。一年与一天的差距是365倍，那你又怎么能够成功呢？

一把椅子的问候

在一个阴云密布的午后，下起了倾盆大雨，行人们纷纷进入就近的店铺躲雨。一位老妇也蹒跚地走进费城百货商店避雨。面对她略显狼狈的姿容和简朴的装束，所有的售货员都对她心不在焉，视而不见。

这个时候，一个年轻人诚恳地走过来对她说："夫人，我能为您做点儿什么吗？"老妇人莞尔一笑："不用了，我就在这儿躲会儿雨，马上就走。"老妇人随即又心神不定了，既然不买人家的东西，却借用人家的店铺躲雨，似乎很不近人情，于是，她开始在百货店里闲逛起来，哪怕是买个头发上的小饰物呢，也算给自己躲雨找了个心安理得的理由。

正当她犹豫不决的时候，那个小伙子又走过来说："夫人，您不必为难，我给您搬了一把椅子，放在门口，您坐着休息就是了。"两个小时过去了之后，雨过天晴，老妇人向那个年轻人道谢，并向他要了张名片，就颤巍巍地走出了商店。

几个月之后，费城百货公司的总经理詹姆斯收到一封信，信中要求将这位年轻人派往苏格兰收取一份装潢整个城堡的订单，并让他承包写信人家族所属的几个大公司下一季度办公用品的采购订单。詹姆斯惊喜不已，匆匆一算，这一封信所带来的利益相当于他们公司两年的利润的总和！

他迅速与写信人取得了联系之后，才知道，这封信出自一位老妇人之手，而这位老妇人正是美国亿万富翁"钢铁大王"卡耐基的母亲。

詹姆斯马上把这位叫菲利的年轻人推荐到了公司的董事会上。毫无疑问，当菲利打起行装飞往苏格兰的时候，他已经成为这家百货公司的合伙人了。那一年，菲利22岁。

在之后的几年中，菲利以他一贯的忠实和诚恳成为"钢铁大王"卡耐基的左膀右臂，在事业上扶摇直上、飞黄腾达，成为美国钢铁行业仅次于卡耐基的富可敌国的重量级人物。

菲利只用了一把椅子就轻易地和"钢铁大王"卡耐基结下了不解之缘，齐肩并举，从此踏上了让人梦寐以求的成功之路。这才是"勿以善小而不为"的真正意义所在。

还是那句话，细节决定成败。细小的事情通常都发挥着巨大的作用。一个细节，既能让你通向光明的殿堂、成功的彼岸，也能让你通向万恶的地狱、黑暗的深渊。所以，请注重每一件小事，重视每一个细节！机遇就存在于生活的细节中，同样是一件事，一个成功的人会透过这件小事看到自己成功的未来。

第 4 章

细节决定成败

有道是"夫祸患常积于忽微"。天下的事虽大，但一定都是从小事中做起的，只有凡事从小中做起，防微杜渐，才能避免因小失大的后果。所以说，细节决定成败。灾难因为忽视细节而发生；命运因为细节而改变。也许有一天你会感觉到，成功和机遇又因为你忽视了细节而与你擦肩而过。

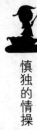

第一节　防微杜渐，小心温水效应

有道是"夫祸患常积于忽微"。天下的事虽大，但一定都是从小事中做起的，只有凡事从小中做起，防微杜渐，才能避免"千里之堤，毁于蚁穴"的后果。所以说，细节决定成败。

分寸有度、取舍相宜

细节决定成败，这一表述近年来大行其道，带有强烈的时代色彩。在市场经济时代，激烈的竞争似乎无处不在，让生活变得越来越复杂，也让做成一件事情的精神成本和物质成本变得越来越高，赢得成功的过程所涉及因素更是难以预料。所以，掌握好过程中的所有环节和可变因素就成了一个重要问题。

注重细节，考验着人们在决策的过程中、操作程序和执行程序上的用心程度和能力。关注事物构成和变化的细节，不仅仅是关注细节的本身，同时也是把细节置于整体和全局的角度之下去审视。如果没有充分掌握整体和全局，反而是过分关注了细节，那么就很有可能抓不住决定成败最为重要的细节，继而陷入一堆琐碎的事务之中，因小失大。

美国前总统尼克松在《领导者》一书中这样评价周恩来："周所

具有的这种精微之处，大大超过了我所认识的其他的世界领袖，这也是中国人独有的特性。这是由于中国文明多少世纪的发展和精炼造成的""就周而言，伟大是注意小节的积累，这句箴言几乎确实有几分道理。然而，即使他在亲自护理每一棵树木时，也总能够看到森林"。这些描写是对周恩来领导能力的充分赞扬。由此可见，能从大量的细节中精确地找出那些最需要重视的关键因素，也是一种很重要的能力。

古人很早就认知到了细节的重要性。"千丈之堤，以蝼蚁之穴溃；百尺之室，以突隙之烟焚""天下难事，必做于易；天下大事，必做于细""尽小者大，慎微者著""致广大而尽精微"，这些古训在今天仍旧是富有重要的现实意义的警语。

在中国圣贤雅士们那里，"度"是一种相当重要的细节，被传统儒家视为"人生大道"的"中庸之道"，它的核心意义就在于能够准确、客观地认识事物，为事物的发展变化保留空间，并采用分寸有度、取舍相宜的方法和措施去促进事物的演变和发展，以使得这种发展更适合人们所追求的目标。

从修身的角度来看，细节是人性优良品格的有机组成部分。还记得刘备在去世前对儿子的教导吗？"勿以恶小而为之，勿以善小而不为。"古之圣贤犹能身体力行，教育孩子凡事都要从小事中做起，勿以善小而不为。今天的学者不也应该效法于古人，学习凡事从小做起的道理吗？

陈云不收礼的规矩是人尽皆知的。即便是在部下向他表达敬意时也是"来者必拒"，哪怕送来的礼物再轻。一年秋天，某大军区两位同志进京汇报军事演习情况，带来当地产的两盒葡萄。陈云让他们拿走。他们说："这不是送礼，只是让您尝尝。"陈云只说："我吃十颗，叫十全十美，剩下的你们带回去。"

假如对诱惑之"微"不严防，对蜕变之"渐"不严杜，最终必然会丧失做人的原则和为官的准则。以"小节无所谓"作为原谅自己的借口，放弃从严要求自己，是上位者保持本色的宿敌。

黑龙江省绥化市原市委书记马德在忏悔时说："我收一个人，就能收两个人，今天能收一万，明天就能收两万，这么，越收越多，越收越大。"

沈阳市原市长马向东也说："我当时也有睡不着觉的时候，因为一开始几百块钱、千百块钱，后来几千块钱，甚至上万块钱，渐渐收得多了以后就不再睡不着了。"

这些贪官的幡然悔悟留给人们深刻的警示。

倘若人人都能用阳光下的显规则来提醒自己，警钟长鸣，洁身自好，社会必将会是另一番风貌。

牵一发而动全身

东汉和帝时期，窦太后亲临朝政，并由太后的兄长窦宪掌握大权，官员们争相阿谀奉承，所以当时政局混乱不堪。窦氏家族仗势横行乡里，鱼肉百姓，没有人敢揭发他们的恶行。

当时的司徒（相当丞相）丁鸿借着日食出现的机会，向和帝密奏说："太阳是君王的象征，月光是代表臣子的。日食出现，是象征做臣子的侵夺君王的权力，陛下千万要小心。"在历史上记载着，日食总共出现了36次，国君被臣子杀死的就有32人，都是因为皇帝忽视了防微杜渐的重要性以及疏忽了对于臣子加强思想道德修养的行为。他控诉窦宪仗着太后的权势包揽朝政，独断专行，甚至连皇帝也不放在眼里。接着他又说："日食的出现，是上天在警诫我们，我们就应该注意危害国家的灾祸发生。穿破岩石的水，一开始都是涓涓细流，长到天上的大树，也是由刚露芽的小树长成的。人们常忽略了微小的事情，而造成祸患。如果陛下能亲自处理朝政，从小地方着手，在祸患还在萌芽的时候消除它，这样就能够安定汉室王朝，国泰民安。"

汉和帝听从了丁鸿的建议，革除了窦宪的官职，消减了窦氏家族的权势。朝廷不但除去了隐患，而且国势也开始有了好转。

很多在刚开始看来都是不重要的、不显眼的事情，往往就成了危害的源头。这就是所谓的"千里之堤，溃于蚁穴"。企业用人也是一样的道理。一个平庸的人辞退了原来有能力的人，在接下来的很长一段时间之内可能看不出有什么危害，以为换了人做也还是可以的，没有什么影响。却不知道，这种危害就像慢性毒药在逐渐地损害着整个机构。见人所能见，不是什么本事。

孙子曰："故举秋毫不为多力，见日月不为明目，闻雷霆不为聪耳。"就像秦赵的长平之战，赵国换了只会纸上谈兵、没有实际作战经验的赵括，以至于最后兵败如山倒，把赵国的基业都断送掉了，也失去了唯一能与秦国抗衡的力量。即便现在的企业没有那么激烈和那样的强度，但是慢慢发展过来的形势却也不容小觑。

作为一个领导者，要眼光长远，能看到别人忽视的地方，然后就可以轻而易举地控制住别人意想不到的关键点。注意到每一个人的特点，看到他将来给部门，甚至是整个企业带来的变化。所以说，一个决策、一个变化、一个人物、一个细节往往像多米诺骨牌一样一下影响了整个局面。这就是"牵一发而动全身"。

第二节　慎微言行是勇敢而明智的表现

你是否因为忽视了细节而后悔过？或许至今仍然对细节满不在乎？实际上，细节是最重要的。因为它是灾难的导火线，但也是命运的转折点。

从美俄卫星的相撞，再到大连油管的爆炸事件，每个惨痛的教训都在阐述着细节的重要：细节就是灾难的导火索。

1986年4月26日，切尔诺贝利核电站发生了泄漏和爆炸事故，这也是有史以来最为严重的核事故。核电站的第4号核反应堆在进行半烘烤实验中突然发生失火，继而引起了爆炸。核泄漏事故发生后，产生了严重的放射性污染，这相当于日本广岛原子弹爆炸产生的放射污染的100倍。爆炸让机组完全损坏掉了，8吨多强辐射物质泄露，尘埃随风飘散，致使俄罗斯、白俄罗斯和乌克兰许多地区也都相继遭到核辐射的污染。而核事故的受害者总达900多万人，经济损失达数千亿美元。

"挑战者"号的事故也是来自于疏忽了一个细节。当航天飞机升空约60秒的时候，右助推火箭起火，从而点燃了贮藏大量燃料的外贮箱。7名宇航员全部遇难。调查结果显示，事故的原因是助推火箭上的一个作封住火箭燃气泄漏的密封环，发射时候的低温让橡胶变脆，导致密封失效。

核泄漏事故和"挑战者"号的起火事故都是一个细节造成的悲剧。而如果注意到了这些细节，或许就不会出现这么严重的事故了。

灾难因为忽视细节而发生，命运因为细节而改变，也许有一天你也不会感觉到，成功和机遇又因为你忽视了细节而与你擦肩而过。

假如你不想让灾难继续发生，或者是不想因为细节而改变了你的命运，那么就从现在开始把握细节吧！因为细节才是最重要的！

一切的机会都隐藏在细节之中。当然，即便你做好了这些细节，也未必能够找到如此平步青云的机会；但假如你不去做，你就永远也不会有这样成功的机会。

鲁迅曾说过："巨大的建筑，总是由一木一石叠起来的，我们何妨做这一木一石呢？我时常做些零碎事，就是为此。"人也是一样，有时候不必做那些轰轰烈烈的大事，多注重细节、做些零碎的小事也能决定成败。

细节是智慧的源泉，灌溉理想之树

在十几年以前，英国有一家新开的牙膏厂。因为市场竞争非常激烈，生意也很萧条，于是就有很多员工提出要改善牙膏口味、成分等类似的建议，但是都没有成功。最后经理决定从别人疏忽的地方做文章，他把目光放在了牙膏的口径上，把挤出口的半径增加了一毫米，这样每次用牙膏时就可多出2%的使用量，那么，使用牙膏的速度就会加快，从而买牙膏的次数就会增加。

在这种方法实施的一年内，该公司的利润就增加了近半成，而利润增加的原因仅仅是因为那多出的一毫米。

这家公司的成功历程让我们深切地感受到细节是微小的，但它所产生的力量却是强大而不可衡量的，唯有在细节处用心，至臻完美，才能成大器。

"三碗茶"成就一代名将

日本历史上的名将石田三成，在未成名之前曾在观音寺谋生。有一天，幕府将军丰臣秀吉因为口渴到寺中求茶，石田便热情地接待了他。在倒茶的时候，石田奉上的第一杯茶是大碗的温茶；第二杯是中碗稍热的茶；当丰臣秀吉要第三杯茶的时候，他却奉上了一小碗热茶。

丰臣秀吉正在疑惑不解的时候，石田就解释说："这第一杯大碗温茶是为解渴的，所以温度就要适当，量也就要大；第二杯中碗的热茶是因为已经喝了一大碗不会太渴了，稍带有品茗的韵味，所以温度就要稍热些，量也就要稍小些；第三杯则不为解渴，纯粹是为了品茗，所以要奉上小碗的热茶。"丰臣因为石田的体贴入微而被深深地打动了，于是就将其招揽在自己的幕下，这让石田从此得到晋身之阶，成为一代名将。

生活总会有看不透、不可预料的一面，而世事诡谲、风波乍起，更加令人触目惊心，所以，我们主张谨言慎行，避嫌疑，远祸端，凡事留有退路，不思进，先思退。满则自损，贵则自抑，所以能善保其身。

仰望滔滔的历史长河，惊涛拍岸，历经过多少岁月；阅读漫漫历史长卷，异彩纷呈，记录着无数的英雄豪杰的故事。在那历史的星河中总会有一些注重细节和一些琐事而成功的人。

唐朝军事家郭子仪平定安史之乱的事迹是妇孺皆知的，但却很少有人知道，这位战功赫赫的大将在为人处世方面却是非常小心谨慎，和他在千军万马中叱咤风云、指挥若定的风格截然不同。

唐肃宗公元二年（761），郭子仪进封汾阳郡主，住进了位于长安亲仁里的金碧辉煌的王府。但是令人不解的是，堂堂汾阳王府每天总是大开门户，任人出入，从不闻不问，和别处的官宅门禁森严的境况迥然不同。客人来访的时候，郭子仪也是无所忌讳地请他们进入内室，并且命令姬妾侍候。

有一次，某将军在离京赴职之时前来王府辞行，看见他的夫人和爱女正在梳妆，就差使郭子仪前来接客，如同使唤仆人一样。儿子们觉得身为王爷，这样子总是不太好，一齐来劝谏父亲以后分个内外，以免让人耻笑。郭子仪笑着说："你们根本不知道我的目的，我的马吃公家草料的有500匹，我的部属、仆人吃公家粮食的有1000人。现在我可以说是位极人臣，受尽恩宠了。但是，谁能保证没人正在暗中算计我们呢？假如我一向修筑高墙，关闭门户，和朝廷内外不相往来，倘若有人与我结下怨仇，诬陷我怀有二心，我也会闭目塞听，错失分辨的机会。我现在这样无所隐私，不让流言蜚语有滋生的余地，就是有人想用谗言来诋毁我，也找不到什么借口了。"

几个儿子听了这一席话，都拜倒在地，对父亲的深谋远虑深感佩服。中国历史上多得是战功赫赫的朝廷文臣武将，但大多数的结局都很凄凉。而郭子仪历经玄宗、肃宗、代宗、德宗数朝，身居要职60年，即使在宦海也几经沉浮，但总算能够保全自己和子孙，以80多岁的高龄寿终正寝，给几十年戎马生涯画上了一个完美的句号，这不能不归之于他的这份谨言慎行。

对于建功立业的成功人士来说，慎微的言行不代表着怯懦，相反，它恰恰是一种明智而勇敢的行为。古人有云："千里之堤，溃于蚁穴。"就是在强调即便是再宏伟的事业，也不要忽略微小的细节与琐事。可是，在我们的周围充斥着太多的"差不多"先生，而改掉任何事情都抱着差不多的想法却需要我们每一个人的共同努力。

细节是希望的土壤，培育成功的花蕾。注重细节，非常必要。叶诗文注重细节打破了世界纪录；宫崎骏注重细节绘出了绝美漫画；欧阳夏丹注重细节红遍了大江南北……生活中的我们更应注重细节，完善自己的人生。再多一点儿努力，多一点儿疯狂，让心中渴望成功的火苗得以释放最热烈的光芒！

细节是雨，滋润梦想的种子；细节是光，驱散人生的黑暗；细节是船，驶向成功的海湾……细节是成功的保障，注重细节，成功就在眼前！

人们常说，"小心驶得万里船""人无远虑，必有近忧""若无底石坚，安得山高峻"。在日常的安全工作中，这要求我们做到未雨绸缪、谨小慎微、居安思危，就能避免和预防不该发生的事故。

坚守"谨小慎微"

历史记载，唐朝德宗年间，皇上念宰相陆贽战功显赫且太过清廉，于是便暗下一道密旨："一概拒绝馈赠，办事恐怕不大方便。重礼可不收，但像马鞭、鞋靴之类的薄礼，收也无妨。"可是，陆贽却没有因为有此"恩准"而破除贪戒，回禀皇上时说："收重礼是受贿，收薄礼也是受贿。贿道一开，辗转滋甚。鞋靴不已，必及衣裳；衣裳不已，必及币帛；币帛不已，必及车舆；车舆不已，必及金璧。涓流不止，溪壑弥灾。"如此深知蝼蚁之穴能让万里长堤坍塌，块砖之损可致万丈高楼崩溃，一趾之疾足令七尺之躯颓废的厉害，深知"一日一钱，千日千钱，绳锯木断，水滴石穿"的道理，在"三年清知府，十万雪花银"的时代，着实不易。

祸患常集于忽微。在现实生活中，有一些人对待大吃大喝、巨额贿赂大多总是能够保持头脑的清醒，笃守操节，坚守防线，可是在面对小吃小喝、小恩小惠之类的"小意思"，却很容易放松警惕之心，甚至是一味地迁就自己，久而久之，一而再，再而三，人心不足蛇吞象，放纵了自己的欲望，致使贿道逐渐洞开，慢慢滑向违法的深渊。

难耐清贫莫为官，在涉及戒贪戒欲的每一个环节中，都要扎紧篱笆墙，把守在反腐倡廉的各个关口，皆应做到"五慎"：走马上任要慎重、利诱面前要慎欲、节操之上要慎微、工作之余要慎独、拒腐守廉要慎终。力求做到不贪图小便宜，莫收受小贿赂。观人于微，观事于微，观廉于微。能不能坚守小廉，戒小贪，拒贿赂，永不沾，真正做到上不愧苍天，下不负百姓，对每个领导干部来说都是一项磨炼，终生都是具有现实意义的严峻考验。

慎独的情操

第三节　克服粗心大意

粗心大意害己害人

　　粗心大意是很多人共有的缺点。平时，大家一定没少听过这个词，甚至粗心大意已经成了某些人的"习惯"。可是，每当他们做错了自己本应该做对或者会做的事情的时候，总是会说这次只是因为粗心大意了，下次不会了。这些人总以为粗心大意是偶然的，他们总是把希望寄托于下一次的机会。即便粗心大意是因为自己的疏忽而造成差错，可是，从心理学角度来说，粗心大意是一种性格缺陷，它的危害不言而喻。

　　从前有三个人在下雨的时候着急赶路。甲有雨伞，乙有雨鞋，丙却什么都没有。可是，到了目的地以后，结果却让人大跌眼镜，甚至可以说是匪夷所思。甲有雨伞，却淋湿了大半，乙有雨鞋，却弄得满身脏污，丙什么都没有，却是淋湿面积最少，身上最干净的一个。仔细想想，这个结果其实也是在情理之中，甲、乙因为有了雨伞和雨鞋的优势，所以赶路的时候就没有找一个屋檐避雨或者是走向平坦的道路，而丙却因为自己没有任何物件可以加以利用，所以特别小心谨慎。实际上，粗心大意的症结也就在此。

有一句俗话说得好：想让田里少长草，忙着除草是来不及的，最好的办法就是种上庄稼。注重细节，从小处着手。历史上因为忽视小节造成失败的例子不胜枚举。

在1649年，一票之差将大不列颠国王查理一世送上了断头台；在1776年，一票之差决定英语为美国的官方语言，德语从此衰落；在1868年，一票之差让美国的第17任总统安德鲁·约翰逊保住了总统宝座，而未被弹劾下台；在1875年，一票之差将法国从君主制变成共和制……或许，金牌和银牌也许只有0.01秒的差距，但是结局却是天差地别。你或许不能做到一切，但是你可以做到一些小事。也许你的"一票"就是决定性的，也许你的一个微小的失误就影响了全局，这让我们认识到了细节决定成败。所以说，1%的失误可能导致100%的失败。细节最容易被人们所忽视，所以最能体现出一个人的真实状态，因此也是最能表现一个人的修养。正因为如此，通过细节看人，逐渐成为衡量、评价一个人的最重要的方式之一。细节的成功看起来像是偶然，实则孕育着成功的必然。细节不是单独存在的，就像浪花展现了大海的美丽，但必须依托大海才能存在一样。注意细节所做出来的工作一定要留住人心，即使在当时无法引起人们的注意，但是长期以来，这种工作态度形成一种习惯后，一定会给你带来巨大的收益。这种细心的工作态度是由于对一件工作重视的态度而产生的，对再细小的工作的专注，才会产业巨大的收益。

中国古代有这样一个故事：临近黄河岸边有一片村庄，为了防止洪水泛滥，村民们自发筑起了长堤。有一天，一个老农偶然发现蚂蚁窝一下子猛增了许多。老农心想：这些蚂蚁窝究竟会不会影响长堤的安全呢？他要回村去报告，在路上遇见了他的儿子。老农的儿子听后不以为然地说："那么坚固的长堤，还害怕几只小小的蚂蚁吗？"随即便拉着老农一起下田了。当天晚上风雨交加，黄河水暴涨。咆哮的河水从蚂蚁窝疯狂地渗透进来，继而呈现一种喷射的状态，终于冲决长堤，淹没了沿岸的大片村庄和田野。

这就是"千里之堤，溃于蚁穴"这句成语的来历。一个小小的蚂蚁洞可以让千里长堤溃决，小事不慎也终将会酿成大祸。"小"能毁了"大"。"福生于微，祸生于忽。"墙体崩坏都是源自于缝隙，木材断折都是源自于节疤。人类的历史出现过不少的悲剧，都是那些工作不可靠、不认真的苟且作风所造成的，因为无知和轻率所造成的祸害比比皆是。忽视了一个细节，往往会引起车辆的倾覆，房屋的焚毁，甚至还会丧失许多宝贵的生命。铁轨上的一段小小裂痕或是车轮上的一点小毛病，都会导致火车倾覆，伤害许多生命。因为不小心随便扔了一根燃着的火柴，扔一个香烟头，结果竟然让一城一镇的房屋焚毁。古语说："一颗枣核支撑大坛。"意思说的是：小的东西可以支撑大的东西。它还有一层引申的意思，就是当你把这小的东西从大坛下抽掉时，大坛便会倾倒。也就是说，有时小的东西会把我们引向一场大的不必要的灾难。

"小"能成就"大""大事不糊涂，小事不渗漏"。平凡能铸就伟大。很多年轻人都有过梦想，想做一番大事业，但天下并没有那么多的大事可做，有的只是一些不起眼的小事。一件一件的小事累积起来就形成了一件大事。任何大成就或者是大灾难都是累积的最终结果。曾国藩说："成大事者，目光远大与考虑细密二者缺一不可。"

没有远大的目标，就会因此失去了方向，但必须按照目标一步一步地走下去，才会有成功的可能。平凡的生活孕育着伟大。人生价值的真正伟大之处就在于平凡。只有从最平凡、最普通的事情之中才能显示出细节的伟大，这才是最伟大的处世之道。

年轻人应当有远大的理想，才有可能成为优秀的人物。但要成为优秀的人物，还必须从最简单的事情中学习做起。从"小事开始做"，是成大事者经常使用的手段。

列宁曾说过："人要成就一件大事，就得从小事做起。"只有扎扎实实地从小事中做起，从事的事业才有坚实的基础。假如制定了过高的计划期望值，到后来也是难以实行的。不如就在一开始的时候，不要把目标定得太高远，应该从小处着眼。

比尔·盖茨曾说过："你不要认为为了一分钱与别人讨价还价是一件丑事，也不要认为小商小贩没什么出息，金钱需要一分一厘积攒，而人生经验也需要一点一滴积累。"老子曾说过："合抱之要，生于毫末，九层之台，起于累土；千里之行，始于足下。"合抱的大树，始于细小的萌芽状态；九层的高台，建构起于每一堆泥土；千里的远行，是从脚下第一步开始走出来的。老子又说："天下难事，必作于易；天下大事，必作于细。是以圣人终不为大，故能成其大。"意思是说：处理问题要从容易的地方做起；天下的大事，一定从细微的部分开始。所以说，有"道"的圣人都是不贪图大贡献，所以才能做成大事。人的智力和才华是随着知识和经验的积累而逐渐丰富起来的，而积累就需要有一个实践和感情的渐进阶段。对自己要求过急、过高、过苛，期待一口吃成一个胖子，这是不可能实现的。

认真＋细节＝成功

在现代社会中，许多年轻人，别容易急躁，他们就像是初出茅庐的弓箭手，一上来就想把弓拉得满满的，以向人们显示自己的实力。他们不知道，此时的他即便自认为把弓拉得很满，也不可能力冠群雄，事事如意。真正的老练的弓箭手都是稳稳地拉弓，逐渐地加力，一旦拉满，势不可当。当一个人蓄势待发、胸有成竹的时候，也就是掌握了拉弓的真谛之时。这个真谛就是不断地积累、蓄势待发，让人们不断地领略到你那日见深厚的潜质。有资质的人是最具有职场魅力的人，也是最具有成功希望的人。

做事一定要注重细节，要告别做事差不多就行的恶习。米卢说："态度决定一切。"让人成功的正是认真的工作态度。唯有敬业爱业，踏实勤奋，才能把工作做到最好。只有全力以赴地做好每一个细节，才能把工作做到最好，才能完成自己应尽的责任。不论做什么工作，我们都要注重细节，正是因为那些毫不起眼的小事的逐步完成，才成就了日后的大事。那些优秀的、成就卓越的人，总是在细微之处用心，在细微之处着力。

刘念台在《应事说》中说："处在平常的日子里，应付小事，应当用应付大事一样的态度，因为天地间的道理没有大小，从眼前来看，只有一个邪正的区别。对此不能有疏忽怠慢的态度，苟且敷衍，需要辨明道理的邪正而后对待，这才可以。等到意外变故发生了，处理大事，应当有用处理小事一样的心态。因为人世间的事情虽然很大，但从道理上看，总会有一个是非的区别。对此不能惊恐慌张，失去主张，一定要根据道理的对和错去处理，这才得体。"凡成大事者，不是一朝一夕就能够完成的，而是在长年累月中不断磨砺的结果。总之就是一句话，只有具备成大事的资本，才能突破人生的局限。大事能检验一个人的智慧，小事也能检验一个人的谨慎。假如每一件小事都做得漂亮、舒心，那你也能得到极大的快乐和对自我的肯定。失败的人通常抱怨命运的不济，成功的人才能知道结果都是一点一滴积累的过程。由此可见，只有从小事中做起，才能够改变命运，甚至创造奇迹。

做事注重细节，才能养成认真细致的习惯。我们可以怀抱美好的梦幻、伟大的理想，但是饭要一口一口地吃，事也要一步一步地做，要达成伟大的理想，首先就要脚踏实地地，认认真真地做好手边的事。

一个人倘若对待每项工作都认认真真，事无巨细，那么即便他处在世界上任何一个不起眼的角落，终究会脱颖而出的。认真是一种可怕的力量，小能让一个人无往而不利，大能让一个国家变得强盛。一旦"认真"二字深入到自己的骨髓中，融化进自己的血液后，你也会因此焕发出一种令所有的人，甚至会让自己都感到害怕的力量。这个世界上，要属德国人是最认真的，你去德国问路，他们通常不会随意地指给你，而是很精确地告诉你"向前走70米"之类的话。

　　管理大师杜拉克先生曾经说过这样一件事：古希腊著名的雕刻家菲狄亚斯被委任为雅典的帕德嫩神殿制作雕像。他很认真、负责地雕刻着这尊位于雅典山岳最高点的巨大雕像。别人却对他说："除了雕像的正面，我们什么也看不到。你何必把背面也雕刻得那么认真呢？"菲狄亚斯却说："你错了，上帝看得到。"

　　因此，我们在做任何的事情上帝都看得到。对事情的认真态度反映的也正是我们做人的品格。

第四节　不积"跬步"，就走不出"千里"

　　不断地进取积于微。"尽小者大，积微者著。""不积跬步，无以至千里；不积小流，无以成江海。"

壮举来自细节的积累

　　万里长征都是从一步一步中走出来的，开拓创新是一环又一环突破的，崇高的目标也是一阶一阶攀登上去的。可以说，伟大来自于细节的积累。领导干部修身成事，就要重视积于微，不断进取，不可心气浮躁，不可哗众取宠，不可急功近利。品德的铸造，作风的培养，知识的增加，能力的提高，都要靠日积月累中去完成。工作的进步，创业的成就，也要靠日积月累。我们的事业皆在不断地实现人民群众的根本利益。人民群众的实践在不断地深入，人民群众的需要在不断地增长，我们要踏踏实实，一步一个脚印，尽心尽力地为人民群众办好事、办实事，同时也在服务人民的事业中不断地进取，提升修养的境界，感悟事业的价值。

细节的实质也是迎过一个长期准备的过程，从而获得一种机遇。唯有保持不断地积累的工作进程，才有可能注意到问题的细节，才能让工作达到预期的目标，进而思考细节，才不会为了细节而追求细节。在工作中，倘若我们关注了细节，就可以找到创新之源，也就为成功奠定了基础。细节在工作、生活中无处不在，它通常表现在瞬间，只有善于把握机遇的人，才能把握住细节，这需要用心才能实现。

细节的积累诞生伟大，这需要我们用心去发现，这是细节的实质。假如我们不能对发生在生活中的瞬间的事情用心去发现、去创造，那么就会轻而易举地失去了成功的机会，"细节隐藏机会"，从某种意义上来说，也就失去了细节的管理机会。一心期望伟大，追求伟大，伟大却了无踪影。甘于平淡，认真做好生活中的每一个细节，伟大就会不期而遇，这就是细节的魅力，是达到完成后的惊喜。

追求细节的完美，是以认真的态度为人处世为基础的。湖北一家柴油厂聘请了德国企业家格里希担任厂长，在他上任后的第一次会议上，格里希单刀直入："在德国，气缸杂质不能超过50毫克，而贵厂产品所含杂质竟然在5000毫克。"假如说德意志是一个让人惧怕的民族，那么，干净、细节、认真也是一种可怕的力量，这就无怪乎"德国制造"能够征服世界了。

"罗马不是一日建成的。"做事有一个积累的过程。生活中的每一件事情都是由一些细节组成的，在社会竞争中决定着成败的也是细节。"世上无难事，只怕有心人。"只有认真的态度，才有铸造卓越的机会。认认真真、踏踏实实地做事是人生中一个既简单又深奥的道理。或许仅仅是一次不经意的失误，就会让你和成功失之交臂，唯有认真细致，才是做事的良方。做事要从大处着眼，小处着手，看问题要从全局着眼，做事情要严谨具体。想要成就一番事业，必须从小事中做起，从细节处下手。

西点军校前校长潘莫将军曾说过："最聪明的人设计出来的最伟大的计划，执行的时候还是必须从小处着手，整个计划的成败就取决于这些细节。"许多人所做的工作还只是一些具体的、琐碎的、单调的事情，它们或许只是过于平淡，或许是鸡毛蒜皮的小事，但这就是工作、是生活、是成就大事不可或缺的基础。所以不论是做人、做事，都要注重细节，从小事中做起。一个不愿意做小事的人是不可能成功的。看不到细节的人，或者不把细节当回事的人，对工作缺乏认真的态度，对事情也只能是应付了事。这种人无法把工作当成一种乐趣，而只是当作一种不得不接受的苦差事，因而在工作中极度缺乏热情。而考虑到细节、注重细节的人，不但要认真地对待工作，把小事做细，而且还注重从做事的细节中寻找到机会，从而让自己走上了成功的道路。世界上最伟大的建筑师之一的密斯·凡·德罗在被要求用一句话来叙述他成功的原因的时候，他也只是简答地说了5个字——"魔鬼在细节"。

细节是用心，是一种认真负责的态度和科学钻研的精神，只要用心，我们就会看到细节，看到细节背后事物的内在之间的联系，就能够做好细节。那么，细节的实质是什么呢？细节实际上是一种长期的准备过程，从而获得的一种机遇。只有保持这样的工作标准，你才能注意到问题的细节，你才能做到为了让学习和工作达到预期的目标而思考细节。不然，再注重细节也是精心上演了一幕让别人看得过去的戏剧。

积累细节才可能成就伟大

密斯·凡·德罗是20世纪世界四位最伟大的建筑师之一，当今全美国最好的戏剧院不少出自德罗之手。他反复强调的是，不论你的建筑设计方案怎样的恢宏大气，假如对细节的把握不准确，就不能称之为一件优秀的作品。细节的准确、生动可以成就一件伟大的作品，细节的疏忽会毁坏一个宏伟的计划。

德罗在设计每一个剧院的时候，都会精确地测算到每个座位、音响、舞台之间的距离以及因为距离的差异而导致不同的听觉、视觉的感受，计算出哪些座位可以获得欣赏歌剧的最佳的音响效果，哪些座位最适合欣赏交响乐，不同的位置的座位需要做哪些调整才可达成欣赏芭蕾舞的最佳的视觉效果。

他在设计剧院的时候要一个座位一个座位地亲自去测试和敲

打，根据每个座位的位置不同测定其合适的摆放方向、大小、倾斜度、螺丝钉的位置等。

细节在于积累，它对于企业增强市场竞争力来说也是至关重要的。而对于国家机关、事业单位来说，也一样有着至关重要的意义。而要想真正地实现这种改变，就应该从细节入手，从每一件小事中抓起，逐步把过去的"大锅饭"的作风转变过来，真正实现体制职能的转变。

天下大事，必作于细。小事情都粗粗糙糙、马马虎虎、对付迁就、敷衍拖延的人，不可能成为人格伟大的人；同样，一个企业，哪怕一时间繁荣昌盛，也终将会有土崩瓦解的一天。

联想集团的总裁柳传志认为："好的企业就像是一支军队，令旗所到之处，三军人人奋勇，进攻时个个争先，退却时阵脚不乱。"联想集团的一条纪律——"会议迟到罚站1分钟"已经坚持了12年。据说历史上第一个违反纪律的是一位资深干部，曾是柳传志的上级。当时会场气氛变得非常紧张，柳传志说："您就委屈一下吧，等下班我到您家给您站1小时……"柳传志是一名非常注重细节的人，他的部下和他谈工作时常会有种战战兢兢的感觉，稍有不慎，就会被他抓到漏洞，追根究底。

我们需要在细节上"斤斤计较"，因为"伟大在于细节的积累中"。在我们的身边就有很多因为小事而栽跟头的例子。

在5月份母亲节快到来的时候，某公司向一家知名的皮具公司采购了一批皮包，用来发放给已经做母亲的员工们。这批皮包做工精美，质地优良，得到了大家的一致认可。

到6月份父亲节的时候，公司又向这家公司采购了一批钱包和皮带，作为父亲节的礼物。当这批礼品发放到员工手上时，大家当时就发现了一个严重的质量问题：有一部分皮带还没有开始使用，皮带扣中间的插头就脱落了，而这些插头脱落了以后，皮带就无法使用了。经过联系后，才知道皮具公司在生产的过程中有少部分皮带扣漏掉了一道小工序，导致了皮带扣中间的零件容易脱落。虽然这家公司对坏的皮带进行了退换，也郑重地表示了歉意，但他们产品的质量在客户的心目中已经大打折扣了。

一个在国内外都负有盛名的企业，生产出来的产品竟然会出现这样的质量问题，这真是出人乎意料。我想，假如下次还有机会合作的话，公司领导一定会慎重考虑的。一道小小的工序没做好，生产出来的产品到了消费者手中就成了一件废品，即便再想办法挽救，留给消费者心中的印象也是磨灭不了的，1%的错误就有可能导致100%的失败。

大海的宽阔是由无数的小流汇聚而成的；千里之行是由一步一步的脚印走出来的；大树的茂盛也是由一片一片的叶子生长出来的；小小的一块砖砌成雄伟的万里长城；小小的一片叶子焕发出了生命旺盛的气息……正是因为这些小小的东西，才能创造出生活的雄伟、壮观和丰富多彩。所以说，成功源于小事的不断积累。做好小事是取得成功的基础，人不可能一步登天，但是再高的大厦也是由一块小砖头累砌而成的。再大的伟业也是从一点一滴的小事中做起的，只有把小事情做好了，才有可能向大事迈进。

　　克尔·菲尔普斯，一个代表着速度的响亮名字。他的成功无疑是因为平日里坚持做好小事，天天练习，不断地重复他早就已经熟悉的动作。每一次练习都是一个积累的过程，日复一日，年复一年，小事在不断地积累中最终成就了冠军的诞生。正是因为菲尔普斯每天坚持把要做的小事做到最好，没有一心只想着一步登天，没有在训练的过程中偷懒耍滑，所以他才能够扬威国际体坛。

毫无疑问，不仅是菲尔普斯，任何人都能做到。所以说，做好小事，最终才能成就大业。

做好小事是取得成功的基础，注重小事，小事不小，通常蕴藏着成功的契机。从细节中发现成功机遇的人比比皆是：上山被叶子割了是小事，但鲁班却因此发明了带齿的锯；苹果落在地上是小事，但牛顿却因此发现了"万有引力定律"。凡事都是由小到大，小事不愿做，大事就会成为空想，名人之所以能够成为名人，就是因为他们比一般人多了一份注重小事的细心和决心。智者善于以小见大，从平淡无奇的琐事中领悟到深邃的哲理。

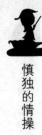

第五节　勿以善小而不为，
　　　　勿以恶小而为之

　　好事要从小事中做起，积少成多，方可成大事；坏事也要从小事中开始防范，不然积少成多，也会败坏了大事。

　　所以，不要因为好事小而不去做，更不能因为不好的事小就去做。小善积累得多了，也就成为了利天下的大善；而小恶积累多了，就会霍乱国家的根基。

　　正所谓：勿以善小而不为，点滴之举皆是积累大义的过程；勿以恶小而为之，细微之处也能造成大的祸乱。一己之善，不但能为自己积累功德，也能利于他人；点滴之恶，虽然不能损害自己的品格，但也会危害到他人。如此反复的影响，就像在湖中投下了一块小石头，涟漪在不断地扩大，导致了整个湖面水纹不断地波动，它的影响层面绝不是我们所能事先预料到的。所以，对世间人而言，想一个善念、说一句好话、一个善意的回应，甚至是露出一个善意的微笑，不但能够让内心越来越光明，同时也可以拉近亲子之间的关系、提高公司的业绩，促进国家、社会的和谐，甚至也可以消除种种人为的灾难。

　　面对一个因为家境贫寒而即将去做富人家中女仆的爱尔兰小女孩的

求助，我们一般的人都是在冷漠与不屑中一度地感慨，同时也为平易助人的诺克福公爵而感动。世界上除了冷漠还会有温暖，因为此事给了人们一个深深的启示：勿以善小而不为，勿以恶小而为之。

勿以善小而不为

在人的一生之中，谁都有可能遭受到波折和苦难，假如此时能够得到他人的帮助和支持，哪怕是一个支持的眼神或者是善意的鼓励，或许就能给人以信心和力量，助人进步和成功。"予人玫瑰，手留余香"，在帮助他人的同时也快乐和丰富了自己的生活。在我们的生活工作中，一次关灯、一句善言、一次让座、一个微笑，都是生活中的小事，虽然都是善小的举动，都是举手之劳，但却能换来谅解、和睦、友谊。

勿以恶小而为之

恶事虽小，但它却能腐蚀一个人的灵魂，在日积月累中，就会不断地从量变中导致质变，直至毁了人的一生。请注意你的出格的行动，因为行动逐渐变成了习惯；请注意你不良的习惯，因为习惯逐渐变成了性格，从而性格就决定了你的命运。让我们仔细检查平时细微处的不良的习惯：比如乱丢垃圾、随地吐痰、插队买票等，这些不道德的行为和粗劣的习惯都会在不经意间反映出一个民族、一个国家的精神风貌。集腋成裘，积恶成疾。聚沙成塔，积善成德。善，是我们要从小事中做起的，从点到面；恶，无论多细小的事情，我们都不能抛弃，从微至巨。

培根说："习惯是一种顽强而又强大的力量，它可以主宰人生！人一旦养成一个习惯，就会自觉地在这个轨道上运行。"好习惯，就会让人受益终生，相反，就会在不知不觉中影响你的一辈子。

一个年仅14岁的小男孩，因为过度沉迷于网络游戏，家里为他已经变得一贫如洗，可是又因为实在控制不住自己的欲望，竟然起了抢劫的念头。在一个下午，他像往常一样来到了那家他平时爱来的网吧，可因为钱不够而被人撵了出来。因为一时的贪念和怒火冲昏了头脑，他看见街对面的小妹妹手中拿着100元钱，嘴角便扬起了坏笑，他拿着刀，跟着小妹妹来到一条偏僻的小巷中，他看看周围，见周边无人，便逼迫着小妹妹交出钱，小妹妹不肯，说那是妈妈给她的压岁钱，央求哥哥放她走。他失去了理智，便举起了明晃晃的刀子向小妹妹的胸口捅去，不曾想正中要害，小妹妹当场因流血过多死亡。

如花一般的生命就这样陨落了，假如这个男孩遵守了法律，意识到了法律的重要性，那就不会造就这样的悲剧！

还有一个类似的故事：一个利欲熏心的超市老板为了钱财绑架了一位富家的孩子，谋财不得竟将其杀害了，一个正值花季的无辜少年就这样远离了人世间；几个六年级学生因为说脏话，得罪了一群不良少年，因为一时的愤怒，竟然举刀杀害了他们……多么让人痛心的案例啊，这些都是在为了私利的前提下犯下的罪行，而抛弃了别人，最终也被社会所抛弃！

当我们来到这个世界的时候，都是一样的纯真，一样的善良，都懂得要保护完美的事物，尽可能地不去破坏它。但是对于那些本来就有缺陷的事物，认为它已经失去了被欣赏、被利用的价值，就可以随意地去损坏它，即便是一个很微小、很随意的举动。不积跬步，无以至千里；不积小流，无以成江河。万丈高楼平地起，任何事情都是由一件一件看似不起眼的"小事"组成。"勿以恶小而为之，勿以善小而不为"在今天依然具有普遍的意义，它指引着我们不断地完善人格，也同样具有指引我们走向成功的非凡意义。

所谓"善小"，意在小小的善行。所行之事皆称之为"小"—举手之劳，何足挂齿，是微不足道的意思。行虽然微小，可善心却可以无限放大。哪怕是点滴的善举，不一定要有大大的善心才能做事。一心向善的人，在举手投足之间，在俯仰坐卧之间，在一笑一念之间，无不做到尽善尽美。要做到"勿以善小而不为"，就务必要让心常存善念。时常修正自己，时常省悟自己，这样才能从心出发，将善念和行动结合起来。善念的举动，可以细微到一个招呼、一个微笑，甚至是一个眼神。小，其实是善的根本，是善行的根本。所谓"善小"，不在乎轰轰烈烈的大功德、大善事。例如兴修庙宇，铺路修桥，这些都是富有之人才能做到的善举。而普通人家的善行，自有"德惠里仁"的妙用。

因为一切的善心没有差别，差别在于对善的理解程度。富人行大举之事固然是在积善，而贫者做微行之事亦是在积善。一念之善，一念之德，一念之学问学识，无不以"小"为基准。

在暴风雨过后的一个早晨，一个男人来到海边散步。他一边沿着海边行走，一边留意到在沙滩的浅水洼里有很多被昨夜的暴风雨卷上岸来的小鱼。它们被困在浅水洼里，回不了大海，即便大海近在咫尺。被困的小鱼也许有几百条，甚至是几千条。但是过不了多久，浅水洼里的水就会被沙粒吸干，被太阳蒸发掉，这些小鱼也都会被干死。男人继续朝前走着。

他忽然看见前面有一个小男孩，走得很慢，而且不停地在每一个水洼旁弯下腰去——他在捡起水洼里的小鱼，用力地把它们扔回大海。这个男人此刻停了下来，注视着这个小男孩，看着他拯救小鱼们的生命。

终于，这个男人忍不住走了过去："孩子，这水洼里有几百几千条小鱼，你是救不过来的。"

"我知道。"小男孩头也不抬地回答。

"哦！那你为什么还在扔？谁在乎呢？"

"这条小鱼在乎。"男孩一边回答，一边拾起一条鱼扔进了大海。

"这条在乎，这条也在乎，还有这一条、这一条、这一条……"这个小男孩的做法并没有错。他很富有同情心，他对生命有着本能的恻隐之心，他是在拯救着一条又一条小鱼的生命，拯救着自己的良知。

勿以善小而不为，一滴水同样也可以折射出太阳的光辉，一件好事同样也可以看出一个人高尚纯洁的心灵。小事是成就大事的基础，大事是在小事中不断地累积的质变，轻视一件件平凡的小事和善举，就不会做出伟大的事情；轻视一滴水，就不会拥有浩瀚的海洋；轻视一棵树，就不会有茂密的森林；轻视一砖一瓦，就不能建造好高楼大厦。在人的一生中，谁都有可能遭遇到波折和困难的时候，假如此时能得到他人的帮助和支持，哪怕是一个支持的眼神或者是善意的鼓励，也许就能给人以充足的信心和力量，助人进步和成功。千百年来，古人有很多强调"做小事"重要性的名言警句：集腋成裘、聚沙成塔、垒土成山、纳川成海、积善成德……由此可见，我们要从小事中做起，从点滴中做起。一个人做一件好事并不难，难的是做一辈子的好事。假如一个人坚持做好事而不做坏事，那么，他必然会得到社会的重视，受到人民的赞扬。小小的善举，举手之劳，并不需要我们付出多少，但却能够换来谅解、和睦、友谊。为社会做点儿小事，为他人做点儿小事，为自己做点儿小事，美好的生活在大家的点点滴滴之中创造，在持之以恒中被延伸。

面对"小恶"，我们总认为那是一件很寻常的小事情，没有什么大不了的，其实事情远不止于此。就个人素质、形象而言，不论自己有何种借口，那些不雅的"小恶"的行为都是在一点一滴中渗入了周围人对你的看法，长此以往就慢慢地淹没了你本该良好的形象。而作为社会生活中的一分子，我们实在是不应该因为行"小恶"而影响到和谐社会和文明城市的建设进程，至少，我们没有任何理由去破坏别人辛辛苦苦努力营造的成果。不要因为这个错误很小就毫不在意地去做，也不要因为这件善事很小而不去做。让我们牢记圣贤们的古训，时时处处都要用这句话要求和鞭策自己，从我做起，从现在做起，做一个有理想、有道德、有良好习惯、知错就改的好少年。

第 5 章

慎始的重要性

《左传》中提到:"慎始而敬终,终以不困。"它的意思是说:仔细、谨慎地开始着手做某件事情,自始至终也毫不懈怠,这样就不会有窘迫之患。"慎始"还要求我们"自重、自省、自警、自励",保持内心"城墙"的坚固牢靠。

第一节　慎始，从心开始

谨慎的开始

《左传》中提到："慎始而敬终，终以不困。"它的意思是说：仔细、谨慎地开始着手做某件事情，自始至终也毫不懈怠，这样就不会有窘迫之患。

明代都察院长官王廷接见新任御史时讲道：昨日，他乘轿进城恰逢遇雨。起初，走在前面的轿夫小心翼翼地"择地而行"，以防弄脏他脚上的新鞋；后来，他不小心踩进泥水，便"不复顾惜"，不再躲避水坑洼地，结果把新鞋子弄得面目全非。王廷以新鞋比喻新官，委婉地告诫新上任的下属，新官上任应当要慎始慎初。

首先，"做人"是做一切事情的前提。从出生到参加工作，这段时间父母、老师、领导、同事以及身边的人对我们所讲述的有关做人的道理数不胜数。当一个人确立了自己的人生理想和目标的时候，也就间接地决定了他做人的基本准则和做事的方式方法，对于一个纯粹、正直、有责任感的人来说，在"做人"上必定要谨小慎微，无私忘我且能够做到防微杜渐，唯恐在一时一事上出现违反道德底线和法律法规的事情，甚至从一开始就不去想更不会去做。孔子曾经说过："子欲为事，先为人圣。""德才兼备，以德为首。""德若水之源，才若水之波。"一个人要想成就大事，就必须要先学会"做人"。

在东南亚一带，有一种捕捉猴子的方法非常有趣。当地人用一个木箱子把一些美味的水果放在里面，在箱子上开了一个小洞，大小刚好够猴子的手放进去。假如猴子抓了水果，手就会抽不出来，除非它把手中的水果丢下。但是大多数的猴子都不情愿把手中的水果放掉，以至于当猎人来的时候，也不需要费什么力气，就可以轻易地捉住它们。

这则故事是在警示我们在为人处世的过程中不要像猴子一样，因为抵挡不住一时的诱惑而心存贪欲。当你抓住了你想要的东西而不肯轻易放弃的时候，你也会成为别人的囊中之物。假如你一开始就对诱惑无动于衷，对自己想要的东西能够通过正当的方法与途径，用自己的劳动收获成果，我们就能因此做到心中坦荡。"人字好写人难做"，所以我们要想做一个好人，做一个纯粹、正直、无私的人，同时也要心存一颗感恩的心，用心来回报社会，回报那些曾经关心和帮助过我们的人。

其次，"做事"是关键。一个人的能力有高有低，对于事物的"理解"程度也会有所不同，在做事的过程之中，每一个人做事的方式方法及所完成的效果也会有一些差异，这就要求我们首先要多多思考，在做事的开始就应该想到如何做、怎样做，这样才能把事情有计划地顺利完成，而不是胡子眉毛一把抓。另外，对待事情要有一个认真的态度，这样，做事情就会容易成功。如果态度不端正，你就不可能有想做的意愿，也不会有敢作敢为的勇气，就学不到做事的本领。态度决定一切，事实也是这样，在很多情况下，做事的态度要比做事的能力更加重要。同样的，如果做事的方法不正确，那么你处理事情就会变得没有章法，遇到困难就会变得束手无策。《论语》中提出的中庸之道是智者为人处世的基本思想和方法，被伟大领袖毛泽东称为"一大发明"、"一大功绩"。面对任何事情，你都能够遵循这种处事的原则做出恰如其分的判断，进而形成各方面都能被认可的正确意见，这可以说是一种大智慧。

善终必先慎始

要善终，必先慎始。《礼记·经解》说："君子慎始，差若毫厘，谬以千里。"它的意思是说：出发点上差了一点儿，目的就会因此差上千里，甚至会南辕北辙。而假如慎始做好了，继而就为善终打下了坚实的基础。无论是做人还是做事，尤其是领导干部，一时一事都要谨慎小心。其实一开始保持谨慎并不难，难的是终身保持廉洁自律的情操，有些人起初还能做到洁身自好，但是后来在金钱和利益的诱惑下，就渐渐地把握不住原则，贪污腐化，人生观一再变得扭曲，最终让自己身败名裂。善始善终是成功人士必备的一种素质，更是一种美德，能善始善终的人必定具有强烈的责任心，必定能为社会做出自己的贡献。老子曾说："慎终如始，则无败事。"这句话说的就是在我们做人或是做事的时候，只要能够保持开始时的谨慎，就没有做不到的事情。

在经济日益发达、社会飞速发展的今天，人们遇到的诱惑和考验也变得愈来愈多，但是不论什么样的情况下我们都要时刻保持着自重、自省、自警、自励，只要一个人对自己正确的选择做到坚持不懈，就像刚开始时的状态一样，始终对事情保持着那份谨慎，那么他做任何事情都会取得圆满成功。

成功不是一朝一夕能能够获得的，是需要我们平时去不断积累的，需要我们抛弃那些生活中的烦琐的事，跟随着目标的指引去奋斗，就像荀子所说的："不积跬步，无以至千里，不积小流，无以成江河。"

没有人生下来就是贪婪成性的。清代的郑端这样告诫后人："万分廉洁，止是小善；一点贪污，便是大恶。"此言不谬。李真第一次收别人5000元现金时也曾忐忑不安过，也曾紧张和恐惧过，但随着第一道道德"防线"被冲破后，接下来就"兵败如山倒"；第一道"闸门"打开了，欲望的"洪水"也就势不可当了。由此可见，在"不义之财"的面前，要慎重地对待"第一次"，果断地拒绝"第一次"，对各级领导干部来说，这是至关重要的。所以，在市场经济条件下，作为领导干部，一定要时刻控制住自己的欲望，认认真真地对待生活中的每一个"第一次"。警惕了"第一次"，就能够逐渐累积成"每一次"，牢固的思想道德防线就不会被突破，不正之风和腐败现象就会找不到可乘之机。在廉洁与腐败、正义与邪恶的较量中，我们就能永远处于不败之地。

在生活中类似这样的故事还有很多，许多人就是在"第一次失足"后放纵了自己，在"下不为例"的自我抚慰声中放松了警惕。甚至有些

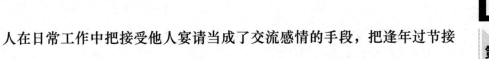

人在日常工作中把接受他人宴请当成了交流感情的手段，把逢年过节接受礼品礼金当成礼尚往来，把为亲朋好友谋取私利当成是帮忙，却不知这样做不但让自己放松了警惕，还是一步步走向泥潭甚至是深渊的罪魁祸首。一不小心踩进了"泥坑"，让腐朽的思想在头脑中占据了主导地位，便会丧失了警惕心，在"糖衣炮弹"的面前缴械投降，不能自拔。

古之圣贤最重视名节。欧阳修说君子"所守者道义，所行者忠信，所惜者名节"。名节或者说是操守，无疑是最珍贵而又最脆弱的东西。所以，一定要严格的控制住自己，认真地对待工作、生活中的每一个"第一次"，在诱惑面前时刻保持着清醒的头脑和冷静的心灵，以一颗平常心对待生活、对待人生，怀着一颗感恩的心对待工作的调整、职场的变化，自觉抵制灯红酒绿，永葆本色。只有做到"慎始"，才能"善终"。

"慎始"要求我们增强自身的免疫力，构建起抵御腐化的堤坝。有些人认为，贪恋一些小利不足以毁坏名节，其实并不是。古人有云："见微知著。"《菜根谭》里有这样的话："一念收敛，则万善来同；一念放恣，则百邪乘衅。"所以说，我们要从源头上净化心灵，让"慎始"培养健康的生活情趣，增强抗腐防变的能力，坚持高尚的精神追求。

"慎始"还要求我们"自重、自省、自警、自励"，保持内心"城墙"的坚固牢靠。毛泽东曾经说过："房子是应该经常打扫的，不打扫就会积满了灰尘；脸是应该经常洗的，不洗就会灰尘满面。我们同志的思想，我们党的工作，也会沾染灰尘的，也应该打扫和洗涤。"

目前，随着经济的飞速发展，在人们追求物质的享受的过程中，欲望也变得不越来越强烈，各种腐朽、腐败的东西依然在滋生和滋长，要想做到不想腐败、不能腐败、不敢腐败、不去腐败、最终不会腐败，就一定要从灵魂的深处筑建起严防腐朽的堤坝，从行为深处关紧贪欲的闸门。所以，当我们面对五彩缤纷、色彩斑斓的空间时，面对方方面面、林林总总的诱惑时，假如管不住自己，就有可能会误入歧途。古人有云："民不服我能而服我公；吏不服我严而服我廉。"所谓的"积羽沉舟""君子禁微"，应当作为每个人时常记牢的警言警句。总之，要想做到慎始，你就得注重自我修养，时刻自律自警，自我约束，在防微杜渐中时刻牢记着"八荣八耻"，更要耐得住寂寞，挡得了诱惑，耐得住清贫，顶得住私欲，经得住考验，自觉做到"六不"：不该办的事不办、不该拿的东西不拿、不该吃的饭不吃、不该收的礼不要、不该进的地方不进、不该玩的地方不玩。洁身自好，做一个合格的人，做一个高尚的人，做一个干净的人，只有这样，才能让你的心灵充满阳光，更加灿烂。因此，美好的人生，从心做起！

第二节　开始究竟有多重要

人的一生可以做出无数个选择，可是唯独不能选择命运的开始。你不能选择自己是美丽还是丑陋，聪明还是愚蠢，就像是一只青虫不能选择鸟作为它的开始，乌龟不能选择兔子作为它的开始；就像左思不能选择"玉树临风"作为他的开始，李白不能选择官场得意作为他的开始……

开始需要谨慎，这个道理其实大多数人都知道，好的开始是成功的一半，因为好的开始会为你打下良好的基础，为以后的发展奠定基石。人们做事，经常在快要成功的时候反而功败垂成；面对事情结束的时候，要是能像开始的时候那么谨慎，就不会失败了。

学会合作

在星期六的上午，一个小男孩在他的玩具沙箱内玩耍。沙箱里有他的一些玩具小汽车、敞篷货车、塑料水桶和一把亮闪闪的塑料铲子。在松软的沙堆上修筑公路和隧道时，他在沙箱的中部发现一块巨大的岩石。于是，小家伙开始挖掘岩石周围的沙子，企图把它从泥沙中弄出去。他是一个很小的小男孩，而岩石却相当的巨大。手脚并用后，似乎依然没有费太大的力气，岩石便被他边推带滚地弄到了沙箱的边缘。可是，这个时候他才发现，他无法将岩石向上滚动、翻过沙箱的边墙。于是，小男孩下定决心，手推、肩抗、左摇右晃，一次又一次地向岩石发起进攻。可是，每当他刚刚觉得取得了一点儿进展的时候，岩石就滑脱了，重新掉进了沙箱。小男孩只得哼哼直叫，使出吃奶的力气猛推猛挤。但是，他得到的唯一回报就是岩石再次滚落回来，砸破了他的手指。最后，他便伤心地哭了起来。整个过程，男孩的父亲从起居室的窗户里看得一清二楚。当泪珠滚过孩子的脸庞时，父亲来到了他的跟前。父亲的话温和而坚定："儿子，你为什么不用上所有的力量呢？"灰心丧气的小男孩抽泣道："但是，我已经用尽全力了，爸爸，我已经尽力了！我用尽了我所有的力量！""不对，儿子，"父亲和蔼地纠正道，"你并没有用尽你所有的力量。你还没有请求我的帮助。"于是，父亲弯下腰，抱起了岩石，把岩石搬出了沙箱。

人都是互有短长，你解决不了的问题，对你的朋友或亲人或周围的人而言或许就是轻而易举的，所以我们应该记住，他们都是你的资源和力量。世界上没有一个人是万能的，没有一个人只凭借自己的力量或者智慧就能办成所有的事。所以说，一开始我们就意识到合作是多么重要，去寻找到别人的帮助的话，我们一定会提前体会到成功的喜悦。

任何的事物都有开端。有句俗话说得好："一个良好的开端是成功的一半。"但是，万事开头难，任何事情第一次的努力的结果往往都存在这样或者那样的缺陷，但是路终究还是要走下去的。所以，我们要学会善待开端。

西汉有一位大学问家，叫匡衡。他从小就立志要成为一名学识渊博的经学家，所以发愤图强，乐以忘忧。但因为家境贫寒，买不起蜡烛，所以就有一个不如意的开端，但他依然坚持自己的梦想，不轻言放弃。一次偶然的机会，他受到启示，凿壁偷光，仍旧坚持读书，终于成为一名大学问家，而他凿壁偷光的故事也成了千古美谈。

善待开端就要坚持梦想，永不言败。

善待开端，就要有信心，相信自己

哈兰·山德士是一个有信心的人。有一次，他想到一个受众人欢迎的炸鸡秘方，就信心十足地踏上了创业的旅程。他着白西装，几乎踏遍了美国的每一个角落，极力推销秘方，遭到很多次拒绝，这对于年近古稀的他来说虽然是一个沉重的打击，但是他依然信心十足，终于让"肯德基"成为全球炸鸡连锁店之最。善待开端，就要有过人的勇气，敢为人先。

"沛公居山东时，贪财货，好美姬。今入关，财物无所取，妇女无所幸，此其志不在小。"刘邦能取得楚汉争霸的胜利，源自于他有一个良好的开端。开始阶段就不断地笼络人才，终成帝业。所以说，以过人的勇气善待开端，离成功就不会太远。

善待开端，就要有长远的眼光，善于总结经验。方仲永，一个天赋异禀，五岁能提笔作诗的神童，上天给了他一个良好的开端，但终因他目光短浅，最终20多岁时"泯然众人矣"。所以，我们要有长远的眼光，善待开端。善待开端，就要有坚定的梦想。凭借着过人的勇气，百倍的信心，高瞻远瞩，敢为人先，一定能战胜这些磨难。纵然我们步履维艰，但是我们依然可以走得更远；纵然我们没有良好的开端，但我们依然可以看得更远。唯有善待开端，才能笑到最后，飞得最远。

开始是什么？开始是一。一是初始，千里之行，始于足下。

开始是止。天下万物皆有度，皆有止。比如说，你们每一门课的学习都要了解在什么地方停一下，想一想，回顾一下；也要了解在什么地方止住，来开始新的历程。人生的道路就好像是滑雪，只有知道如何停止，才有可能知道如何前进；就好像攀岩山峰，只有知道如何停下来，看一看，才更容易攀上更高的顶峰。其实，每一次的停止都是挑战新的高度的开始。而另一方面，人的欲望不能有太多，要适可而止。人的一生，总会有各种各样的诱惑，老子言："知足不辱，知止不殆，可以长久。"能在某个欲望或者诱惑面前止住的，绝对会有一个良好的开始。

开始是正。一加止为正。正就是正当、正直、正气。学习有正，可以全面的发展，不至于偏废；做人有正，方可堂堂正正立于世上；开始是正，今后的道路就会有方向。

开始是成绩。也正是因为有了成绩，才打开了人生的新的开端。今后的人生，就是要在这里不断地取得新的成绩，同时让新的成绩成为你们攀登新的高峰的开端。

开始是遗憾。人生的美好或许恰恰是因为存在着缺憾。人的一生中一定会碰到各种各样的不顺心、遗憾，甚至是失败。也许你对没能考进你心仪的专业而感到非常遗憾，其实，大可不必这样。你完全可以开拓一片你未曾看到过的新的美好天地。或许今后你还会碰到很多的缺憾，每当这个时候，你也可以试图去发现一些新的美好，试图寻找新的突破口，缺憾也就一定能够成为你成功的开端。

开始是挑战。许多成功的人士都有一个共同的特点，那就是能够正面迎接挑战。贝多芬如果不面对耳聋的挑战，就不可能成为举世闻名的音乐家！其实，很多事情你们也能够做到。做好准备，迎接挑战，让挑战成为你们的开端！一个好的开端，首先需要我们明确自己的责任。

每一个人都应该有美好的事业远景。可是，美好的远景实现需要你们的奋斗、拼搏。所以，为了我们自己，需要有一份责任，有一个良好的开端，需要我们立下自己的志向。所以，慎始慎终，到最后结束的时候，你也要跟开始的时候一样谨慎，把一件事情做到圆满，这样人生才会达到自我所期盼的要求。

第三节　每一天都是新的开始

幸福是生命的宣言

生命是这个世界赐给我们最宝贵的财富，因为所有的财富都依赖于生命。所以说，能活着本身就是一种幸福，我们每一天都过着幸福的生活。善待自己，让幸福成为生命的宣言。失意时我们给自己希望、期待，奋斗时我们给自己力量、勇气。珍惜生活中的每一天、每一分钟，就会让我们的生活迎接新的改变。

每一天都是一个全新的开始，就像是一张白纸。你想要怎样度过自己的每一天？

假如你从消极中醒来，很多时候会让这一整天都蒙上一层深色的基调，在生活中也不会展现出希望、快乐和喜悦。假如你以积极地心态看待每一天，对于如何度过每一天都会有积极的想法，那么你的生命会有

慎独的情操

什么不同？你的正面想法又会有什么样的好结果呢？

　　每天让自己归零，每天让自己的生命重新来过，每天从清晨中醒来，都是你崭新生命的开始。生活的美好，关键在于我们要有一个好的心态。既然命运是无法改变的，那么我们就要去接受它；即使我们不能控制机遇，但却还是可以掌握自己的命运；即使我们无法预知未来，但也可以把握现在；即使不了解自己的生命到底有多长，却可以安排好眼前的生活。就像我们左右不了变幻无常的天气，但还是可以调整自己的心情。只要活着，我们就应该让我们的每一天都充满新的希望，让我们的每一天都是幸福的。

　　有一句话说得好："人总是老得太快，而聪明得太慢太慢！"所以，我们要尽快去给自己做一个转换。分享幸福就是不以得为喜，不以失为忧；时常洗涤自己的心灵，学会礼仪之道，学会宽容自己；经常敞开自己的心扉，去接受别人，也同时让别人理解自己；持续地努力，让自己一步一步地完善。分享幸福，我们要向我们爱的人和爱我们的人表达好意，把所有的胆怯都关在门外，向自己的目标前进，向自己的挫折发起挑战。幸福也需要等待，要用我们那份包容的心去静静地读懂幸福，去创造属于自己的幸福，让自己沉浸在每一天的幸福之中。

要学会超越自我

　　对于一个聪明人来说，每一天都是一个新的开始。人生就像一条奔流不息的河流，永远不会停驻在一个地方，也不会停留在某一个阶段，它需要不断地超越。超越，是一种升华，是一种突变，是人生不可或缺的阶段。正是因为这种超越，才会让人们从愚昧落后的远古时代走到了文明昌盛的现代。

超越自我是生命的升华。尼采说："生命企图树起自己的云梯—它渴求眺望到遥远的地方，渴望着最醉心的美丽—因为它要求向上！生命企图升起，升起而超越自己。"生命最珍贵的地方，就在于我们每个人选定自己的目标和理想。生命就是一个超越自我的过程、一个开拓创造的过程。人活在世上，不能只贪图安逸和享受。懒惰且自私的人，永远也分享不到人生的真正乐趣。只有努力创新，勇往直前，不断超越，才能在激烈的竞争中保存自己的位置，让生命碰撞发出耀眼的火花。

那些将艺术视为生命的人、将科学视为灵魂的人，他们从来不会停下自己的脚步，而那些创造了非凡的伟大导师便是超越生命的经典榜样。哥白尼的日心说，拿破仑的壮举，莎士比亚、巴尔扎克的传世之作，马克思的革命理论……它们都超越了时空竖起的永久的丰碑，影响和折服着世世代代的人们。

超越自我就意味着不断地追求，顽强地拼搏；意味着走先人没有走过的路，在你所从事的工作中找到生命中新的起点。

以前，有一位孤独的年轻画家，除了理想，他一无所有。为了理想，他艰难前行。最初，他到堪萨斯城的一家报社面试，因为那里的良好工作氛围正是他所需要的，但当主编看到了他的作品以后，认为其缺乏新意而不予录用，他尝到了失败的滋味。

后来，他替教堂作画。因为报酬比较低，他没有资金租用画室，只好借用一家废弃的车库。有一天，疲惫的画家在昏暗的灯光下看见一对亮晶晶的小眼睛，原来是一只小老鼠。他微笑地看着它，而它却像影子一样溜走了。后来小老鼠一次又一次地出现。他从来没有伤害过它，甚至连吓唬一下都没有。它在地板上做各种运动，表演杂技，而他就丢给它一点儿面包屑。渐渐地，他们变得互相信任，彼此也建立起了友谊。

不久之后，年轻的画家被介绍到好莱坞去制作一部以动物为主题的卡通片。这可是个难得的机会，但是他再次失败了。

在黑夜里，他苦苦思考着自己的出路，甚至开始怀疑起了自己的能力。正在这个时候，他突然想起了车库里的那只小老鼠，灵感在暗夜里闪现出了一道光芒，于是，他迅速地画出了一只老鼠的轮廓。

有史以来最伟大的卡通形象——米老鼠就此诞生了，沃尔特·迪士尼也因此而名扬四海。

探索和创新改变了这个世界，所以说，我们的社会在进步。假如没有创新，我们充其量也只能是只猴子而已！科学家发现，人类的进步来源于人类对自然的舍身探索。前进就是动力，是创新的结果。

唯有超越自我的人才能创造出一个又一个辉煌。你的每一次的成功都是一个新的起点。

苏菲离开办公桌，复印了一份资料，不过3分钟左右的时间，一只蚂蚁就爬上了她刚买的黑森林蛋糕。

那蛋糕是她的午茶点心，这下想吃的兴致全没了。

她拿起了叉子把蚂蚁取出，然后质问它为什么破坏她的好心情。浑身沾满奶油的蚂蚁慢条斯理地回答："我饿了，被蛋糕的香味给吸引过来。"蚂蚁又说："我的食量小，吃不了多少，给我一小角蛋糕，就足够了。"苏菲听后更是火大，不顾形象地指责它："你的身份哪配跟我一起吃相同的东西？"

她告诉蚂蚁，它应该去找残余的食物，怎么可以堂而皇之地与她共食。蚂蚁却说："我有我的人格，不想卑微地讨生活。"蚂蚁一脸冤屈地向她解释道，它想出人头地，可是天生的不平等让它只能卑微地过日子，可是它的确不想庸庸碌碌地过完这一生，所以才选择来到了这座陌生且危险的城市。

听它这么一说，苏菲心软了："你不怕无法适应？"她怀疑。

"只有做过了，才知道怎么回事。光是害怕，有什么用！"蚂蚁又接着说，"我不觉得我的人生只有一条路可以走，我相信我的生命充满了无限可能。"

苏菲不发一言，心情顿时变得复杂起来。这些年，她最大的困境在于知道自己要什么，却始终未曾付出过行动，她不懂为何迟疑，或者应该说，她害怕改变。

可是，胆小的人注定是要失去生命中的种种精彩和美丽。所以，她只能原地打转，或许不会更坏，但也绝对不会更好。

回过神，她有了新的决定，同时准备把整块蛋糕送给蚂蚁。蚂蚁谢绝了她的好意，它说，它已经尝过味道了，想再去试点别的。而苏菲受到了蚂蚁的启发，一个新的生命规划已经成型，正蓄势待发。

我们要想获得新的生活，让每一天都是人生的一个新的开始，就必须要改变自己，勇于突破，而不能总是原地踏步。

把每一天看成新的开始，这样我们对生活才会永远都充满希望。昨日的一切就像风一样随时间渐渐而逝，逝去了悲伤和忧愁，逝去了欢乐和期待。当太阳从东方升起的时候，我们就又开始了一天全新的生活。假如说清晨的曙光就是心灵上灿烂的启明灯，那么，平线上冉冉升起的太阳就是我们新的生活。岁月让往事成为回忆，时间让往事消磨殆尽。

每一天，每件事，每时每刻都是一个全新的开始，用心去撰写自己的人生，给自己一个微笑，从现在开始改变自己，那样一切都不会太晚。

第四节　没有慎始，就没有善终

"慎始"要求我们增强自身的免疫力，构建起抵御腐化的城墙。所以，我们要源头上开始净化心灵，用"慎始"培养健康的生活情趣，强化拒腐防变的能力，保持高尚的精神追求。

"慎始"还要求我们"自重、自省、自警、自励"，保持内心"城墙"的坚固可靠。我们每个人在每天的紧张工作之余，都应该抽出一点儿时间，认真反省自己一天中的所作所为、所思所想，任何不利于自身

修养的思想都要把它完全清除，在为人、为官的道路上建起一道坚实的
"防腐堤坝"，时时慎之、处处慎之、事事慎之，如此才能得到"善
终"。

"慎始"从"不湿鞋"开始

重庆市巫山县交通局原局长晏大彬曾因受贿2000余万元被
判处死刑。他第一次受贿得到的是两条领带，但正是这两条不起
眼的领带，从此打开了他腐败思想上的一个大缺口。从那两条不
起眼的领带开始，晏大彬的胆子变得越来越大，受贿的数额也就
越来越大。在他任巫山县交通局局长8年的时间内，平均日进万
金，最终导致他一步一步地滑向了违法乱纪的深渊。

纵观所有贪官的案例，你会发现，几乎所有的贪官在最初都是从一
点的小利小惠开始走向腐败的，时间长了以后，便被那"一点儿小意
思，不成敬意"的恭维话打破了思想上的"第一道防线"，慢慢地走上
了一条不归路。由此可见，君子守廉需要"慎始"，时刻警醒自己"常
在河边走，哪有不湿鞋"。

只有一点一滴地汇聚起来，才会成就一番大事业。"积沙成山"说
的就是这个道理。当你面对一项艰巨且复杂的任务时，你可能犹豫过，
当然，也许大多数的人会选择放弃，至少也会觉得有些自找麻烦。其中
比较好的办法，就是把复杂的事情分解成若干小的环节，逐个解决，这
样一来，问题就会显得简单得多了，这样做起来不但目标明确，而且有

条不紊。

生活中的问题也是这样，即便是再不起眼的努力，只要一点一滴地聚集起来，也会成就一项伟业。任何时候，只要一点一点地进步，就会有达成目的的那一天。当然，这也是人尽皆知的，因为一旦止步，那就绝对不会再有前进的动力。就像池田大作所说的那样："只要动，就会多少有所前进。"

慎始者十有八九，但是能够善终者却寥寥无几。慎始善终，必有所成。古代圣贤最注重名节，欧阳修曾说过：君子"所守者道义，所行者忠信，所惜者名节"。三百六十行，每一个行业都需要慎始，方能善终。就像对一个法官的职业生涯而言，名节或者是操守无疑是最珍贵而又脆弱的东西之一，它值得我们像看护珍宝一样守护它。我们应当严格自律，牢牢守住自己做人、做事的准则。在利益、诱惑面前，时刻保持自重、自省、自警、自励，抑制灵魂的浮躁，保持清醒的头脑和冷静的内心，用一颗平常心对待生活、对待人生，怀着感恩的心，远离尘嚣的烦恼，在浩瀚的慎始海洋中畅游，在善终的典籍中陶冶自己的情操，在细密的法律法规中领悟先哲们的慎始精神，意识到慎始的重要性。

我们经常听到"善始善终"一词，它的意思是说：做事情要有好的开始，就会有好的结局，形容办事认真的态度。所以，我们怎么样才能把事情做到善始善终呢？唯一的做事诀窍便是"慎始"两个字。因为唯有"慎始"，才会有"善终"的可能性。即便有的时候做到"慎始"，也不一定能够做到"善终"，所以若没有"慎始"就根本不可能得到"善终"。

那么，为什么不得"善终"的案例还会频繁地出现而我们却选择视而不见呢？这里其实还存在着一个侥幸心理在作怪的问题。很多人不是不知道慎始方能善终这个道理，而他们之所以还明知故犯，很大一部分原因就在于心存侥幸心理。就是因为过高地估算了自己的能力，就是因为误以为自己能够把事情掌控在可控的范围之内，这样想的结果是可想而知的，最后当然都是以悲剧收场的。事实往往就喜欢与这种人唱反调，事实往往也会证明他们力挽狂澜的能力是有限的。所以，最终他们中大多数的人还是因此陷入了困境而不能自拔，最终他们也还是会因为没有慎始而付出了不得善终的沉重代价。

慎始慎终则无败事

在春秋时代，有个孝子叫闵子骞，他的母亲过世得比较早，父亲又娶了个继母，继母对他不好，常常虐待他。一年冬天，继母给他和自己的两个亲儿子做衣服，用棉花帮他两个弟弟做了棉袄，却拿芦苇、芦花帮他做衣服。那芦花做衣服看起来很大很厚，但还是不保暖。刚好他的父亲带他外出，因为天气寒冷，冷风飕飕，他衣服又不保暖，所以就开始瑟瑟发抖。他的父亲看了以后非常生气，就说道："你衣服都已经穿这么厚，还在发抖，是不是有意要诋毁你的继母？"生气之余，便拿着鞭子抽闵子骞。结果这鞭子一打下去，衣服被打破了，芦花飞了出来，父亲这才了解到，原来继母一直在虐待着自己的长子。所以很生气，回到家里，当下就要把继母休掉。

闵子骞这个时候对他的继母还是一味地真诚。跪下来以后，跟父亲说："父亲，你不能赶继母走。母在一子寒，母去三子单。"意思是母亲在的时候，只有我一个人寒冷，但是母亲假如走了，我和两个弟弟也同时都要挨饿受冻。在这种情况之下，闵子骞至诚的孝心丝毫不减，而且还能想到自己的兄弟、家庭的和乐。这一份真诚让他的父亲怒火消了大半，这一份真诚也让他的继母惭愧至极，因为这么小的一个孩子都能处处替她设想。闵子骞这一份真诚的孝心转化了家庭的恶缘，让家庭从此幸福安乐。

当然，"慎始"用眼睛是不一定能够看到或是做到的，我们需要用心去看未来，用心去看事情可能发生的后果，如此一来，便能够真正做到"慎始"而便于得到"善终"。"欲善终，当慎始"，是解析不少腐败分子堕落腐化的人生轨迹而得出的一种警示。在人生艰难的旅程中，要想克己奉公，为官清廉，应当务必把好第一道关口；在缤纷诱惑的世界里面，要想真正做到清正廉洁，永葆本色，就必须坚守住第一道防线。在这里，严格自律才是最强大的力量，"不以物惑，不以情移"，才能守得住清贫，耐得了寂寞，经得起诱惑，保得住名节。

无数的事实都在告诫人们，通往腐败的道路有许多条，没有一个腐败分子能够完全复制成为另一个腐败分子的贪腐轨迹，但也没有一个腐败分子能够逃脱从量变到质变、从小贪到大腐的历史演变的规律。领导干部堕落成为腐败分子，其中有一个致命的也是共同的特点，就是"一失足成千古恨"。

《易》曰："君子慎始，差若毫厘，谬以千里。"尽管贪官的"第一次失足"的原因各有不同，但是严守"第一关"，慎始"第一步"却不是无规律可循的。在众多的贪污腐化的案例中，我们大都可以总结出几条教训，引以为戒：一是要守节持定，应当有崇高的理想、坚定的信念；二是要坚守底线，设定自己的高标准、高要求；三是要率先示范，应该是表里如一、言行一致；四是要择善交友，应该亲君子、远小人，最终努力做到"不慎其前，而悔其后，虽悔无及矣"。领导干部要始终保持职务的廉洁性，务必做到慎始慎终，防止"一失足成千古恨"的悲剧发生在自己身上。

《诗经》有言："靡不有初，鲜克有终。"它的意思是说：做人做事做官没有人不肯善始，但很少有人做到善终。仔细品味此言，感觉其中蕴藏了深刻的哲理和警示。不能做到"慎始善终"的人，说到底还是自甘堕落地放弃了对自己世界观的改变。在金钱的诱惑之下，物欲的侵袭之下，让一些人本来就树得不牢固的价值观发生了动摇，从而导致理想、信念、人生观也发生"病变"。古人有云："慎始善终，则无败事。"一个人像开始做事的时候一样谨慎到底，就不会有做不到的事。可是要想做到这一点，也并非易事，正是因为难做，才需要我们处处自重、自省。

第五节　君子慎始而敬终

在泥泞中行走，生命才会留下深刻的印记

鉴真和尚刚刚剃度遁入空门的时候，寺里的住持看见他天资聪慧又勤奋好学，心里对他十分赞许，但却让他做了寺里谁都不愿做的行脚僧。每天风里来雨里去，吃苦受累不说，化缘时还经常遭到白眼，受人讥讽挖苦，为此鉴真一直愤愤不平。

有一天，日已上三竿了，鉴真仍然大睡不起。住持觉得很奇怪，于是就推开鉴真的房门，看见鉴真依旧不醒，床边还堆了一大堆破破烂烂的芒鞋。住持叫醒鉴真问："你今天不外出化缘，堆这么一堆破芒鞋做什么？"鉴真打了一个哈欠说："别人一年一双芒鞋都穿不破，可我刚刚剃度一年多，就穿烂这么多的鞋子，我是不是该为庙里省些鞋子了？"

住持一听就明白了，微微一笑说："昨天夜里落了一场雨，你随我到寺前的路上走走看看吧。"鉴真和住持信步走到了寺前的大路上。寺前是一座黄土坡，因为刚下过雨，路面泥泞不堪。住持拍拍鉴真的肩膀说："你是愿意做一天和尚撞一天钟呢，还是想做一个能光大佛法的名僧？"鉴真说："我当然希望能光大

佛法，做一代名僧。但是我这样一个别人瞧不起的苦行僧，怎么去光大佛法？"住持捻须一笑："你昨天是否在这条路上行走过？"鉴真说："当然。"住持问："你能找到自己的脚印吗？"鉴真十分不解地说："昨天这路又平又硬，小僧哪能找到自己的脚印？"住持又笑笑说："今天我俩在这路上走一遭，你能找到你的脚印吗？"鉴真说："当然能了。"

住持听了，微笑着拍拍鉴真的肩说："泥泞的路才能留下脚印，世上芸芸众生莫不如此啊。那些一生碌碌无为的人，不经历风雨，没有跌宕起伏，就像是一双脚踩在又平又硬的大路上，脚步抬起后，什么印记也没有留下。而那些经风沐雨的人，他们在苦难中跋涉不停，艰难前行，就像是一双脚行走在泥泞里，虽然他们走远了，但脚印却还印证着他们行走的价值。"

鉴真惭愧地低下了头。从那以后，他年轻有力的脚印留在了寺前的泥泞里，留在了飘散着樱花醇香的扶桑泥土里……

做事之所以要"慎始"，一方面是因为事情在开始的时候假如出现了失误，通常都会埋下祸根，影响全局，甚至有可能导致半途而废；而另一方面，假如一开始不谨慎从事，出现失误，就很容易让当事人产生"破罐子破摔"的念头。相比较而言，人们通常对事情的开头更为看重。俗话就有"万事开头难"的说法。其实，事情的结局也同样是不可忽视的。"敬终"，就是要有一个好的结局，避免虎头蛇尾，功败垂成，留下遗憾。当事情有了一个良好的开头，又有了一个良好的过程之后，在即将取得成功的时候，人们通常都会产生懈怠的情绪，甚至以前积聚的矛盾和潜伏的隐患也通常会在这个时候激化或者是瞬间爆发。所以，做事应该善始善终，始终如一；尤其是当胜利在望的时候，更是要格外的认真，丝毫不得懈怠。还有这样一种情况：事情在表面上看似乎已经完成了，其实严格地讲，还没有真正做完；假如这个时候再来个"好上加好"，那么就会收到事半功倍的效果。

不仅要慎始，还要敬终。《左传》说："慎始而敬终，终以不困。"慎始不容易，敬终就更加困难了。就像元代名臣张养浩所说的："为政者不难于始，而难于克终也。初焉则锐，中焉则缓，末焉则废者，人之情也。慎始如终，故君子称焉。"所以，千万不要因为贪图非分的利益而毁掉了自己的一世英名。一般人都是有惰性的，其承受力、忍耐力、自控力也都是有一个限度的。一个领导干部假如缺乏坚定的信念、明确的目标和饱满的热情，时间一长，就很容易产生精神懈怠，浑浑噩噩，死气沉沉，无精打采；就很容易产生工作懈怠情绪，"混"字当头，推诿扯皮，敷衍了事，疲于应付。要想做到敬终、防止懈怠是不容易的，需要终生不断地努力。人生的历程，就像是流水中的行船、山丘中跋涉，心志要专一，心力要坚毅，假如松弛懈怠、随波逐流，就有可能遭遇触礁翻船、失足落崖的厄运，避免不了功亏一篑的结局，一失足成千古恨。古来未能慎终如始、晚节不保者并不在少数。明代哲人吕坤说："防欲如挽逆水之舟，才歇力便下流；力善如缘无枝之树，才住脚便下坠。是以君子之心无时而不敬畏也。"人的修养不进则退，难的是一辈子心存善念、做好人。我们的领导干部都应当努力做到慎始敬终，"念高危，惧满盈，忧懈怠"，从而为自己的人生规划画上一个圆满的句号。

君子慎始而无后忧

刘蓉年轻的时候，曾在养晦堂偏西面的一间屋子里学习，一直保持着低头读书、抬头思考的状态，有想不出来的就起身绕着屋子转。屋子中有一处凹陷的地方，直径大约有一尺，逐渐变得越来越大。每次踩到这块地方的时候，脚就好像被绊倒一样。时间久了，也就习惯了。

有一天，父亲到屋中来，看到后便笑着说："一间屋子都管不好，凭什么去管天下、国家的事呢？"就命令童仆拿来土将坑填平了。以后，每当刘蓉再次踩到这块地方的时候，又差一点儿跌倒。因为突然受了惊吓，好像地上的土忽然高起来一样，低头看看地面，平平的，原先的凹陷之处已被填平。时间长了以后，就又习惯了。一开始脚走在平地不能适应凹地；但等到时间长了以后，走凹地却像走平地一样，那是因为走在坑洼的地方时间长了，脚就能够适应，而走在平路反而会受到阻碍而变得不适应了。所以，君子学习应该从一开始就慎重。

俗话说："君子慎始而无后忧。"宋代的思想家程颐也曾说过："一念之欲不能制，而祸流于滔天。""初"作为万物之源，总与"终"相生相伴，换句话说，有什么样的开始，就会有什么样的结局。改革开放以后，随着社会主义市场经济的快速发展，我们的领导干部面临的现实考验空前增多，诱惑和侵蚀也就从此无孔不入。但是领导干部还是应当时刻牢记自己的身份和职责，认真学习和执行廉政建设的相关规定，慎重用权、秉公执法、洁身自好，对"不成敬意"敬而远之，对"糖衣炮弹"时刻提防，努力做到怀德自重、修身自省、清廉自警、正直自律；努力做到在生活中能中规中矩，扛得住各种诱惑；在交际圈中分清良莠、慎重交友，抵御各种利益诱惑的侵袭。就像王廷相所言："倘一失足，将无所不至也！"唯有时刻保持着慎始之心，谨慎地迈好人生的每一步，才能做到高枕无忧，才能做到"没做亏心事，不怕半夜鬼叫门"，才能一辈子心安理得地过生活、过安稳的日子，才能最终有个光明的前途和良好的归宿。

做到"敬终"就是要学会思考，学会归纳，学会提炼。一个完美的细节也许就意味着一次理念上的突破。总之，要想做到慎始慎终，就要留心观察，就要从始动之微预测事情未来发展的吉凶；从变化的苗头发现事情以后的发展动向。总之一句话，就是要在细小处用功，以小见大，图难于其易。正如老子所说"图难于其易，为大于其细。天下难事，必作于易；天下大事，必作于细。是以圣人终不为大，故能成其大。"

第 6 章

慎始的法则

慎始固然重要，而慎终就更加难能可贵。做到慎始或许还不太困难，做到慎终却要付出巨大的持之以恒的毅力。这样才能在任何情况下都经受得住严峻的考验，做到欲为民节，保持一生清白。古人有云："慎终如始，则无败事。"

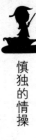
第一节　听孔子的，三思而后行

事前多思考是一种成熟的表现

"三思而后行"的古训出于《论语》，这句话的意思表达得非常明白，就是要求我们要养成做事前多思考的良好习惯。"三思而后行"并不是胆小怕事、瞻前顾后，而是一种成熟、负责任的表现。

季文子姓季孙，名行父，谥文，是鲁国的大夫。他做事情就过分小心，过分的仔细。"三思而后行"就是一件事情想了又想，想了又再想，就叫作"三思"。孔子听到他这种做事的态度，便说："再，斯可矣！"这个成语现在多用来教导别人做事要仔细，要三思而后行。

"慎而思之，勤而之行"，白居易认为做事就需要周密地思索，但行动上也同样需要勤奋。我们不能光想不做，一直在心里盘算着得与失，害怕做错了决定，要知道做出了决定的结果中还存在着百分之五十的成功机会，但假如一直局限于思考而不行动，那你必然是会因此而百分之百的失败。特别是在当今这个信息大爆炸、光速发展迅速的社会，机会犹如流星一般转瞬即逝，顾虑太多反而会变成成功的绊脚石。所以有些时候；在做一件事情的时候，要考虑一下，再考虑一下，三思而后行。倘若过多的考虑，很可能就变成了犹豫不决，再也不会去做了，反而失去了大好的机会。多思无益，再思即可。凡事都需要我们认真地思考，但是我们决不能被过多的顾虑困住，应当做到当机立断，思定而后行。

做事需要迅速，并注重效率，但这并不意味着一味地求快。遇到重大的事情和问题时，睿智的抉择通常都是在冷静的审视之后才做出的决定。古人强调"凡事都需要三思而后行"是很有道理的。

心理学家发现，即便是最困难的事情，只要自己有恰当的准备，用心寻求解决之道，就一定能够找到办法去解决问题。当然，解决困难的方式有很多，但其中最重要的一点，就是要清醒知道事情的真相，然后通过冷静地思考，找出引起事情变故的真正原因。

人越到需要紧迫做出决定的时候，思想就越容易混乱或者说思考能力此刻罢工了，这就是人们常说的"惊呆了"、"急懵了"、"惊慌失措"等。在这个时候，我们通常需要稳定的情绪、清醒的头脑，这样才能顺利地处理好紧急突发情况。

成熟者遇事时头脑冷静不急躁、不鲁莽从事，能够用理智控制情绪。"三思而后行，谋定而后动"是克服冲动、鲁莽的最佳良药，同时也是古代先贤们留下的不朽名言。

买香草冰淇淋，汽车就会"秀逗"

有一天美国通用汽车公司的庞帝雅克（Pontiac）部门收到一封客户抱怨信，上面是这样写的：这是我为了同一件事第二次写信给你，我不会怪你们为什么没有回信给我，因为我也觉得这样别人会认为我疯了，但这的确是一个事实。

　　我们家有一个传统的习惯，就是我们每天在吃完晚餐后，都会以冰淇淋来当我们的饭后甜点。因为冰淇淋的口味多种，所以我们家每天都在饭后才投票决定要吃哪一种口味，等大家决定后我就会开车去买。但自从最近我买了一部新的庞帝雅克后，在我去买冰淇淋的这段路程问题就发生了。

　　你知道吗？每当我买的冰淇淋是香草口味的时候，我从店里出来时车子就发动不了了。但假如我买的是其他的口味，车子发动得就会顺得很。我要让你知道，我对这件事情是非常认真的，尽管这个问题听起来很无厘头。可是，为什么这部庞帝雅克当我买了香草冰淇淋它就"秀逗"，而我不管什么时候买其他口味的冰淇淋，它就一点就着？为什么？

　　实际上，庞帝雅克的总经理对这封信还真的心存怀疑，但是，当时他还是派了一位工程师去查看个究竟。当工程师去找这位仁兄时，很惊讶地发现这封信是出自于一位事业成功、乐观并接受了高等教育的人。工程师安排和这位仁兄的见面时间刚好是在用完晚餐的时间，于是两人一起上车，朝冰淇淋店方向开去。那个晚上投票结果是香草口味，当买好香草冰淇淋回到车上后，车子又"秀逗"了。这位工程师在这之后又如约来了三个晚上。第一晚，巧克力冰淇淋，车子没事。第二晚，草莓冰淇淋，车子也没事。可是第三晚，香草冰淇淋，车子却"秀逗"。

　　这位思考有逻辑的工程师到目前还是不相信这位仁兄的车子对香草过敏。所以，他仍然不放弃继续安排相同的时间见面，希

慎独的情操

望能够找出这个问题的解决办法。工程师开始记录下了从开始到现在所发生的种种详细资料，例如时间、车子使用油的种类、车子开出及开回的时间。根据资料显示他有了一个结论：这位仁兄买香草冰淇淋所花的时间比其他口味的要少。

为什么呢？原因就在于这家冰淇淋店的内部的设置上。因为，香草冰淇淋是所有冰淇淋口味中最畅销的口味，店家为了让顾客每次都能很快地取拿，把香草口味特别分开陈列在单独的冰柜里，并把冰柜放置在店的最前端；至于其他口味则放置在距离收银台相对较远的后端。

现在，工程师所要了解的是，为什么这部车会因为从熄火到重新激活的时间较短时就会变得"秀逗"？原因已经查出来了，绝对不是因为香草冰淇淋的关系，工程师很快将事情的前因后果在心中想了一遍，最终得出了应该是"蒸气锁"的问题的结论。因为当这位仁兄买其他口味时，由于时间较久，引擎有足够的时间散热，重新发动时就没有太大的问题。但是当买香草口味的时候，由于花的时间比较短，引擎太热以至于还无法让"蒸气锁"有充足的散热时间。

即便有些问题看起来似乎真的很疯狂，但是有些时候它们还是真实地存在着；假如我们每次在看待任何问题的时候都保持着冷静的思考方式去找寻解决问题的方法，这样，这些看起来比较简单的问题就会比较容易解决了。所以在碰到问题的时候，不要没有投入一些真诚的努力就凭第一直觉直接说那是不可能的。

三思而后行，谋定而后动

　　人很容易根据自己的思维去考虑问题，所以一般结论都是由自己的习惯性思维产生的，不一定可靠，应当是在认真调查后，分清条理再做决定，不要轻易就下结论。顾问老罗曾经说过：如果一个实验不能重复五次以上，不要轻易下结论，而我们呢，经常搞一到两个数据，就出了结论。"请三思而后行！不要轻易下结论"是生活给予我们思考的智慧。

　　谋定而后动就需要在发生问题时沉着冷静，不急于立即采取行动，而是静下心来仔细想一想。心急的人通常都会不耐烦地催促赶快的采取行动，因为他们总是在担心时间紧急而再不采取行动就来不及了。实际上，越忙就越容易出现差错。假如事先没有考虑好，方向没选对，反而会耽误更多的时间。

　　所以，中国古代有句俗话叫"磨刀不误砍柴工"。先把刀磨快了，看起来耽误了时间，但是在砍的时候由于刀口锋利效率高，反而节省了时间。就像出门开车，事先把地图查好了，顺着标志一路开过去，就可以不绕弯路而节省时间。如果慌忙上路看起来似乎是节省了看地图的时间，但是一旦走错了方向，很有可能会浪费比看地图长很多倍的时间。虽然说"条条大路通罗马"，但是我们要在三思之中找到最便当、最短路程的捷径。我们不可能一条一条地找，之后才发现最短的路。假如事先要花费时间去研究，问清路线，就可以免去在路上摸索的时间。这样一来，一出发就能登上最佳的路线上。

　　解决问题同样也有这样一个问题，很多时候我们可能会有许多解决方案，但是有的方案或许不是最好的，而有的方案既省时又省事，其中肯定有一个最佳方案，而谋定就是要找到最佳方案。

长平战役结束之后，秦国围困赵国都城邯郸。魏王派大将晋鄙将军援救赵国，但魏王与晋鄙都畏惧秦军，所以魏军驻扎在魏赵接壤的荡阴，不敢前进。

魏王又派将军辛垣衍秘密潜入邯郸城，通过平原君对赵王说："秦国之所以加紧围攻邯郸，是因为先前它与齐王互相争强逞威称帝，后来齐王去掉帝号。因为齐国不称帝，所以秦国也取消了帝号。如今，齐国国力日渐衰弱，只有秦国能在诸侯之中称雄争霸。由此可见，秦国不是为了贪图邯郸之地，它的真正目的是想要称帝。假如赵国真能派遣使者尊崇秦昭王为帝，秦国肯定会很高兴，这样秦兵就会自解邯郸之围。"平原君一直很犹豫，迟迟没有做出决定。

正在这个时候，鲁仲连恰巧到赵国游历。正碰上秦军围攻邯郸，他听说魏国想要让赵国尊崇秦王为帝，就去见平原君说："事情现在怎样了？"平原君回答说："我赵胜现在还敢谈战事？赵国的百万大军战败于长平，秦军现在又深入赵国，围困邯郸，根本没有什么办法可以让他们离去。魏王派将军辛垣衍叫赵国尊秦为帝，现在辛将军就在邯郸，我还能说什么呢？"鲁仲连说："刚开始我一直以为您是诸侯国中圣明的贵公子，今天我才知道您并不贤明。魏国来的那位叫辛垣衍的客人在哪里？请让我为您当面去斥责他，让他回到魏国去。"平原君说："那我就把他叫来跟先生您见见面吧！"于是平原君就去见辛垣衍，说："齐国有位叫鲁仲连的先生，他现在正在这里，我把他介绍给您，让他来跟你见见面。"辛垣衍说："我已听说过鲁仲连先生，他是齐国的高尚贤明之士。而我辛垣衍，魏王的臣子，此次出使是担负有重要职责的，我不想见鲁仲连先生。"平原君说："我已经把你在这里的消息告诉他了。"辛垣衍不得已，答应去见鲁仲连。

结果鲁仲连不但驳倒了辛垣衍，同时也说服了平原君，让他拿定了主意抵抗。秦军也是欺软怕硬，见此状便不敢贸然进军；到后来便撤回秦国去了。平原君身系一国之重，在面对强大的秦国对周邻的兼并之中，瞻前顾后，不敢决断。赵国君臣当国家安危之时，患得患失，看不清方向，拿不准方寸，几乎铸成大错。全赖仲连一言以兴邦。

一个人在一生中，无时无刻不处在选择之中，每一次的选择都会给你带来或大或小的变化和未知的结果，人的旦夕祸福，除去天命的因素以外，正是这种选择的结果。所以在面临选择的时候，切不可优柔寡断，犹豫不决，那比事情本身更糟糕。

三思而后行在解决问题的方案上还需要再考虑，这就是"谋定而后动"的道理。谋就是计划、方略，是解决问题的方针和策略。只有行动方针确定了，方可采取行动。这种行动的方针是经过认真思考的，而不是那种本能冲动想到的。谋略思考是为了找到更加合适的方案。本能冲动型的人总是只想到一种行动，通常也只考虑解决表面上的问题，对日后的行动和影响却不加以考虑。仔细考虑对策之后，就有可能既把问题解决，又避免了产生的副作用，这样才能让问题获得圆满的解决。

第二节　养成习惯就晚了，
　　　　一开始就该慎重

俗话说："嫩枝容易弯也容易直。"轻抬脚步，生活就像苏格拉底眼中的那一片茂盛的苹果林，人们来去匆匆，穿行徜徉在人海中，只为选择自己心中最满意的果子，不能回头，不可后悔。

人生，就是一场无法重复的选择。美国心理学巨匠威廉·詹姆斯有一段对习惯的经典注释："种下一个行动，收获一种行为；种下一种行为，收获一种习惯；种下一种习惯，收获一种性格；种下一种性格，收获一种命运。"习惯是一种长期形成积累的思维方式、做事态度，具有很强的惯性。人们通常会不由自主地动用自己的习惯，不论是好习惯还是坏习惯，都是如此。由此可见，习惯的力量会在不经意之中影响人的一生。

良好的行为是通过长期的坚持，才形成的习惯，形成了自然。通常一些看似无关紧要的小习惯，却指引着个人的行为方式，进而决定一个人的成就大小。

一般说来，习惯可以在有目的、有计划的训练中形成，也可以在无意识的状态中形成。而良好的习惯必然是在有意识的训练中形成的，不允许也不可能在无意识中自发地产生，这是好习惯与不良习惯的根本区别。相对于其他习惯而言，不良的习惯形成以后，要想改变它是十分困难的一件事。从根本上说，任何一个良好的习惯的养成都不会是轻而易举的。

行为铸就习惯，习惯养成性格，性格决定命运。习惯是影响人生命运的一种力量。俗话说："积一千，累一万，不如养个好习惯。"思想决定行为，行为决定习惯，习惯决定命运。

人们常说的是性格决定命运，其实也就是在变相地说习惯决定命运。我们性格的表现，也就是我们的思维习惯和行为习惯的差异性，正是这两种习惯决定了我们迥异的命运。运用得好，它就会帮助我们轻松地获得人生的快乐和成功；运用得不好，它就会让我们的一切努力都变得很费劲，甚至是毁掉我们的一生。

其实生活中没有其他东西更能像习惯这样能够证实潜意识存在的神奇的事物了。习惯就像是一根能够拴住你的绳子，在你每天不断地重复这种行为的时候，这根绳子就会变得越来越粗，越来越控制住你，最终让你无法摆脱掉。于是，渐渐地，你就成了你习惯的奴隶。所以习惯又被人们称为第二天性，它是潜意识对言行的自动反应。习惯是意识选择的最佳的结果。你选择了做某件事，并不断地重复，你的潜意识就认为你想做的那件事，就让它变成你的习惯。到那个时候，潜意识就提醒你该做那件事了，而潜意识提醒你的方式就是强迫，而且是不讲道理的，强迫着你非要那样做不可。

比方说烟瘾的形成，首先是你选择了抽烟，于是你便开始抽烟，然后不断地重复抽烟，就在你的潜意识中留下深深的"印迹"，这时你的潜意识认为你想抽烟，它就将抽烟变成你的习惯，到时候它就提醒你该抽烟了。

习惯的形成是有意识地选择的结果，既然是有意识地选择的结果，那我们也可以再通过有意识地选择来改正它。所以，你有自由选择好的或者坏的习惯的权利。你的习惯只是你的一种选择。简单地说，就是任何一种行为只要不间断地重复，就会形成一种习惯。同样的道理，任何一种思想，只要不间断地重复，也会成为一种习惯，在不知不觉中影响人的行为。

比如在吃饭的时候，一般人都是用右手拿筷子。为什么会出现这样的现象呢？因为那些人从小到大都是用右手拿筷子，已经形成了习惯，人是按照习惯来办事的。如果那些人在吃饭的时候突然改用左手拿筷子，会有什么样的感受呢？当然会觉得不舒服，特别别扭，这也就说明了改变习惯是一个不舒服的过程。

习惯是有意识地选择，假如我们能够把好的思维方式、好的行为、好的工作方式形成一种习惯，那我们就会很轻松地取得成功和快乐的人生。行为心理学研究表明：21天以上的重复会形成习惯；90天的重复会形成稳定的习惯。即便是同一个动作，重复21天以后也会变成习惯性的动作；同样的道理，任何一个想法重复21天，或者是反复验证了21次，就会形成习惯性的想法。所以，一个观念假如被别人或者是自己验证了21次以上，它一定会变成你自己的信念。

这句话的含义有两层：人的本性是很难改变的；人的本性即便是很难改变，但并非是一成不变，只是困难了一点而已。成功其实是很简单的。重复的行为就能形成习惯，良好的习惯就能导向成功，所以，成功也就是反复地做简单的事情。

在古埃及的亚历山大图书馆，曾经拥有着最丰富的古籍收藏。可是，当公元5世纪图书馆被毁于一旦时，其中珍藏的大量古代智慧也随之永远地消逝了。但是，这其中竟有一本并不贵重的书却免遭毁坏，幸免于这场灾难。

后来有一天，一个穷人花了几个铜板买下了这本书。当他打开书时，他竟然在这本书里发现了一样非常有趣的东西——一张薄薄的羊皮纸，上面写着点石成金的秘密。羊皮纸上说：有一种小而圆的石头非常奇特，这种石头可以把任何普通的金属变成纯金，这种奇石就在黑海的岸边。但是，要找到这种奇石只有一个办法，就是必须用手亲自去触摸石头，因为这种石头虽然表面上和其他的石头没有什么两样，可是普通的石头摸起来是凉的，它却是温的。

于是，这个穷人便变卖了自己所有的家产，带着简单的行囊露宿在了黑海的海边，每天他唯一做的事情就是摸遍所有脚下的石头。为了避免重复摸石头，这个穷人想到了一个办法，就是每当拾起一块石头，只要石头不是温的而是冰凉的，他就会把它丢到大海里去。就这样，一天天、一年年地过去了，他仍然坚持不懈地抓摸每一块拾起的石头。

突然有一天，他终于感触到了一块石头是温的，他非常激动，这一发现也使他早已变得沉寂的心突然间加速，他激动地挥舞着双臂欢呼起来。但是，就在这时，他却又一次习惯性地把石头扔到了大海里。因为这个动作太过于根深蒂固了，以至于当他梦寐以求的宝石出现的时候，他竟然不知不觉地再一次做了这个抛出的动作。

这就是习惯的力量，抛石头是再自然不过的一个动作，但恰恰是因为这样的一个不经意的动作，导致了这个人所有的努力都毁于一旦。

人们常说"习惯成自然"，意思就是说：习惯是一种最省时、最省力的自然动作，因为有个习惯存在时，你完全可以不假思索地、自觉地、经常地、反复地去做事了。习惯就是一种潜意识的自动设定，是一种不假思索、多次重复而形成的一种潜意识行为，一旦形成了，这种习惯就会难以察觉。美国心理学家詹姆士曾说过："我们从清晨起来到晚上睡觉，99%的动作都纯粹是下意识的、习惯性的，包括穿衣、吃饭、跳舞乃至日常谈话的大部分方式，也都是由不断重复的、条件反射行为固定下来的、千篇一律的东西。"

有一对父子，他们就住在一座大山上，每天他们都要赶牛车下山卖柴。由于山路崎岖不平，弯道特别多，所以便由较有经验的父亲坐镇驾车，而儿子眼神儿较好，于是总是在要转弯的时候提醒父亲："爹，转弯啦！"

有一次，因为父亲病重，儿子便一人驾着车下山了。可是，当他赶着牛车走到弯道的时候，牛说什么也不肯转弯。儿子想尽了各种方法，下车又是推又是拉，又是用青草来引诱牛，可是牛还是依然纹丝不动地停在那里。

这到底是怎么回事呢？儿子百思不得其解。最后，儿子终于想到了一个办法，他左右看看发现四下无人，于是贴近牛的耳朵大声叫道："爹，转弯啦！"

这时，奇迹出现了——牛应声而动。

这虽然只是一个小故事，但它直观地说明了一个道理：牛通过条件反射的方式机械地活着，而人则是通过习惯来生活。有时候看似一个不起眼的小习惯，却有可能决定一个人一生的命运。所以，只有在你失败的时候，你才会发现—原来这一切只是习惯而已。

习惯假如不是最好的仆人，就是最差的主人，因为它具有塑型的作用。19世纪的心理学家威廉·詹姆斯说："正是习惯使得那些从事最艰苦、最乏味职业的人们没有抛弃自己的工作；也正是习惯，注定了我们每一个人都只能在自己所接受的教育和最初选择的范畴内生活，并为那些自己虽然并不认同，但却别无他选的某种追求而付出最大的努力；还是习惯，把我们的社会的不同阶层清晰地划分了开来……"詹姆斯不但注意到了习惯的巨大力量是怎样影响这个社会的架构，同时也指出了改变习惯的艰巨和不易。

习惯就是这样，它具有两面性，它固然可以帮助你获得成功，提高你的人生价值，但同样也可能会阻碍你的成功，绑住你的手脚，甚至会摧毁你的一生。就像拿破仑·希尔所说："习惯能成就一个人，也能摧毁一个人。"所以，我们要尽量养成良好的习惯，摒弃坏的习惯，这样才会对自己的一生大有裨益。

当我们埋头于自己的工作和生活时，我们也要不时地抬起头看看眼前的道路、辨辨自己的方向、想想自己的目标。

好习惯是健康人格之根基

好习惯的形成正是一个人完整品德塑造发展中发生质变的核心，也是成功人生的根基。人格是人生最重要的筹码，假如因为坏习惯使自己的信用破产，那就相当于典当了自己的人格。一个人的习惯可能会影响到他的品格，并影响其日后的发展。

有一些人原本品格优良，但因为后来沾染上了一些恶习，结果就再也没有出头之日。这些人一开始并不在意自己习惯的培养，觉得那些只是暂时的小事。可是，久而久之后，这样的人便会因为这样或者是那样的恶习而被他人所排挤。这个时候，他很有可能会变得后悔起来，开始反思：真没想到那样随便的不在乎也会成为一种改不了的陋习。但是，这时再懊悔又有什么用呢？假如一个人能凭借着自己的良好品性让他人在心里暗自佩服他、认同他、信任他，那么这个人就等于变相拥有了成功的优势。

但是，真正懂得如何获取别人信任的人少之又少。大多数的人都在无意之中为自己迈向成功的路上设置了一些障碍。例如，有一些人态度不好，有一些人缺少聪慧的头脑，有一些人则不善待人接物，这些不良的习惯经常让一些有意和他深交的人无形中感到非常失望。

一个有志成功的人，为了自己的前途，无论如何都不会为被那些看似不足为奇的欲望而诱惑，他在任何诱惑的面前都会凭借着坚定的决心坚守住自己。他能自我克制：不饮酒、不参与赌博、不弄虚作假、不因为毫无意义的项目而举债、不上赛马场。他的娱乐项目大多数都会是正当而有意义的。不然，只要稍动一下邪念，他就可能马上毁掉自己的信用、品格和成功。

一个人要想获得他人的信任，一定要下极大的决心，花费大量的时间，不断地努力改掉这些坏习惯。假如仔细分析一个人失败的原因，就可能会了解大多数人都会存在着种种不良的习惯。

在生活和工作中，一个人要想获得他人的信任，就必须实实在在地做出成绩，证明自己的确是分析敏锐、学识过人、富于实干的人，一定要注意自我的修养，善于自我控制，努力做到诚恳认真，树立起良好的名誉。要想获得他人的信任，除了要有正直、诚实的品格外，还要有敏捷、正确的做事习惯。要做到随时想办法纠正自己的缺点，做到忠实可靠，做到言出必行，和人交往的时候也一定要诚实无欺。即便是一个资本雄厚的人，假如做事优柔寡断，头脑不清，缺乏敏捷的手段和果断的决策能力，那么他的信用依然维持不住。

任何人都应该懂得："人格就是一生最重要的资本。"一个要想成就大事的人，一定要保守住这种最宝贵的资本—养成良好的习惯。习惯所体现出来的人格中自动化的、稳定的行为方式和特征就是组成人格特质的最重要的基础。所以，习惯就是人格特质的重要表现之一。

人格与习惯紧密相连，这是自古以来很多学者的观点。明代被称为"前七子"之一的王廷相就认为"凡人之性成于习"，明末清初杰出的思想家王夫之也提出"习成而性与成"。所以，很多学者研究人格的时候，都会直接把习惯作为基础概念对人格的内涵进行界定。

习惯就是在长期的生活和工作中逐渐形成的，所以习惯一旦形成就不容易改变，就很容易变为潜意识的动作的需求了。所以，也可以说习惯是人在一定的环境中所形成的相对稳定的、自动化的一种行为方式，是一个人人格物质的展现。

例如，一个人在吃饭之前有洗手的习惯，这就是生活方面基本卫生习惯的展现；一个人能做到尊老爱幼、遵守交通规则，这就是遵守社会公德的习惯的展现；还有的人在思考问题的时候总是要在房间内来回地走动才会有思绪，而有些人则喜欢一个人闭上眼睛默默地思考才会更有效果，这些都是每个人所特有的一些习惯展现。

习惯总是表现在一个人的行为当中，而且是比较稳定和自动的。所以，从一个人的习惯就可以看出这个人的人格是否健康，因为这个人特有的人格表现都已经体现在他的习惯之中了。

习惯与人格的关系是相辅相成的

习惯会影响人格，同样的，人格也会影响习惯。许多人或许都没有注意到，越是细小的事情，就越容易给人留下深刻的印象。有一些人原本品格优良，但后来因为沾染了一些小恶习，结果就滑向了陋习的深渊。

一个人一旦失信于人一次，别人下次就可能会再也不愿意和他交往或者是发生贸易往来了。别人宁愿去找信用可靠的人，也不愿再找他，

第6章　慎始的法则

因为他的不守信用很有可能会生出诸多的麻烦来。

人格就是力量，从某种意义上来说，这句话比"知识就是力量"更为重要、更为准确。

成功必须选择正确的习惯

习惯是行为的载体，一旦形成就会具有极强的生命力。假如你希望脱颖而出，希望生活方式与众不同，那么，你就必须要知道这一点：是你的习惯决定着你的未来。

好的习惯培养能力，好的习惯培养效率，良好的习惯就是成功的捷径。人类都会受到习惯的束缚，一旦养成了良好的习惯，就会受益终身。就像美国著名哲学家罗素说的那样："人生的幸福就在于良好习惯的养成。"一个成功的人知晓如何培养良好的习惯来代替坏的习惯，当好的习惯积累多了，自然就会有一个完美的人生。

伯德是NBA的一代传奇人物，是美国历史上最杰出的篮球明星之一，他的成功就得益于具有不屈不挠的好习惯。在当时，其实伯德并不是最具运动天赋的人，可是，正是天赋有限的伯德率领波士顿凯尔特人队三次登上了美国NBA总冠军的领奖台，当之无愧地成为美国历史上最伟大的运动员之一。对于伯德来讲，既然天赋有限，那么他的这一切又是如何得到的呢？或许你已经知道了答案，没错，正是因为他养成了良好的习惯。在他加入NBA之前的少年时代，伯德每天早晨都会练习500次的三分投篮，练完之后，他才会去上学。因为他知道，只要有了这种习惯，不论天赋有多少，都有可能成为一个好的三分球投手。所以，在伯德的整个职业生涯中，正是因为这些好习惯，才让他发挥出了所有的运动潜能，成为一代NBA名将。

习惯是一个人独立于社会的基本条件，它在很大程度上决定了人的工作效率和生活质量，并进而影响到了人的一生的成功和幸福。所以，养成好的习惯也是人生迈向成功的第一步。

第三节 意气用事必失和，慎始才能昌隆

"和"字当道

人们常说，"和气生财"、"家和万事兴"、"天时不如地利，地利不如人和"。由此可见，"和"在人们心目中占有重要的地位。其实"和"不仅仅体现在我们的家庭环境当中，更体现在我们日常的工作学习当中。"和谐"成为人们长久以来一直追寻的一种理想的生存境界。

为什么人们要这样孜孜不倦地去追求"和"呢？那是因为"和"的境界让人活得舒服，"和"的世界更加完美，"和"的机制更加富有活

力。"和"实际上讲的就是人与人之间和谐相处的这个道理。俗话说："一个篱笆三个桩，一个好汉三个帮。""三个臭皮匠顶个诸葛亮。"实际上说的就是在工作中要善于和他人合作，集思广益，发挥团队精神，这样才能够汇集大家的聪明才智，做到事半功倍的效果。假如心里只有自己没有别人，凡事都锱铢必较，争个你死我活，那么这样的人就不可能和别人和谐的相处，创业也就无从说起，在这样的地方和单位，前途也就没有希望。营造和谐相处的人际关系，就是要削减工作中的不和谐因素，理解、鼓励、支持竞争和创造，让一切有利于社会进步和创造的愿望都得到尊重，创造活力都得到支持，创造才能都得到运用，创造成果得到赏识。我们需要的是尊重人、关心人、帮助人，与人为善、和衷共济、关爱宽容、团结进步。"和而不同"，是一种理想的为人处世态度和人生境界。人与人之间的关系的"和而不同"，就是要在坚持个性、讲究原则的前提下，还能够和谐自然的相处，这是一种本领，一种风度，一种大境界。

　　在美国一个传统的市场里，有一个中国妇人的摊位生意特别好，这引起了其他摊贩的嫉妒，大家经常有意无意把垃圾扫到她的店门口。这个中国妇人本着和气生财的道理，不予计较，反而把垃圾都扫到了自己的角落。

　　旁边卖菜的墨西哥妇人暗中观察了她好几天，终于忍不住问道："大家都把垃圾扫到你这里来，为什么你都不生气？"

　　中国妇人笑着回答："在我们国家，在过年的时候，都会把垃圾往家里扫，垃圾越多也就代表会赚更多的钱。现在每天都有人送钱到我的摊位上，我怎么舍得拒绝呢？你看我生意不是越来越好了吗？"从那以后，那些垃圾就再也没有出现过了。

当我们面对一些难题的时候，你可以处理得更为妥当，甚至是换一种想法来思考，不但可以化解诅咒为祝福，更能化解危机为转机。

以和为贵

纵观历史的长河，"以和为贵"的思想随着中华文明传承了几千年。泱泱华夏，"以和为贵"是其文明花园中一朵让每一个炎黄子孙都为之赞美的奇葩。就国家而言，"以和为贵"的思想在历史上曾经起到了促进民族团结，巩固民族凝聚力，促进民族融合，加强民族文化的同化力的积极作用。在历史上，"得民心者得天下，失民心者失天下"已经成为长期起作用的客观定律。就社会而言，"以和为贵"的思想在推进社会稳定、促进社会进步方面起了至关重要的作用。

"以和为贵"思想的"利"体现在以下几个方面：

◇把"和"用于人际关系，用宽和的态度待人，就会获得众人的信任

从古到今，成大事者，无不是得道者多助，失道者寡助，无不应了中国的古话——"天时不如地利，地利不如人和"。这里的"人和"，强调的也是一个和谐的人际关系的氛围。部分地区广为流传着这样的一首小诗，精妙地概括了人际关系的内涵："年轻是财富，文凭必须要，知识供参考，关系最重要。"

◇把"和"用于政治，就会促进历史的发展，文化的昌盛

人们常说，政通才能人"和"，政治和谐是构建和谐社会的基础和保障，政治的和谐有力地推动着和谐社会的建设和发展。政治和谐是社会政治生活的内在结构和各方面关系都处于相对均衡、相对和谐、相对稳定的状态中，政治的和谐局面充分保证每一个公民的意愿和利益以及参与政权和国家事务的权利，这同时也在世界范围内获得了好评。

◇把"和"用于经济，就会促进生产的发展，经济的兴旺发达

在经济发展中的"和"体现在很多方面。在经济发展的进程当中，力争经济发展和环境保护的和谐，实行低碳经济和循环经济，为我们的子孙后代都留下一个良好的生活环境，也是中国大力提倡并取得一定成效的；强调着缩小贫富、城乡、区域之间的差距，最终实现全国人民共同富裕，这也是"和"的思想的体现，共同富裕也成了和谐社会的甜果。

◇把"和"应用于文化，就会起到百家争鸣、理论创新的推进作用

文化上的"和"强调各种健康文化之间的相互借鉴、相得益彰，意在推动不同文化相互学习、取长补短，实现弘扬主旋律和提倡多样化的有机统一。在尊重差异中扩大社会认同，在包容多样中增强思想共识。在学术上，我们倡导"学术民主、开放包容、百家争鸣、繁荣共进"，鼓励在不同领域、不同行业、不同学科之间进行交流融合，也正是在文化上"和"的体现的一个具体例子。

"以和为贵"的人际关系准则在中国古代思想中一直占据着十分重

要的地位。"和"就是调整人际关系，讲究团结，上下和，左右和。对治国来说，"和"能兴邦立业；对经商来说，"和"能和气生财；对家庭来说，"和"能家和万事兴。孟子说："天时不如地利，地利不如人和。"这里的"人和"，就是指内部的和谐、和睦。孔子说："君子和而不同，小人同而不和。"意思是说：君子和谐相处却不盲目苟同，小人盲目苟同却不和谐相处。

被誉为"经营之神"的松下幸之助非常重视"和"在企业管理中的作用。他说："事业的成功，首在人和"、"一群人在一起做事情，最重要的是同心协力，团结一致"、"公司能不能团结一致，朝目标上努力，是企业成功与失败的关键。"

学校里老师和老师之间、老师和学生之间、学生和学生之间能否和谐地相处，相互尊重对方的人格，朝着一个共同的目标而努力奋斗，就是学校教育工作成功与失败的关键。

以和为贵，和而不同，是我们处理不同文明之间的关系应该恪守、秉持着要一代一代传承下去的忠实信念。多元并存，和谐发展，这是人类文明之所以能够持续不断地进步的根本原因。

在战国时候，有七个大国，分别是秦、齐、楚、燕、韩、赵、魏，历史上称为"战国七雄"。这七国当中，又数秦国最强大。秦国常常欺侮赵国。有一次，赵王派一个大臣的手下人蔺相如到秦国去交涉。蔺相如去见了秦王，凭借着机智和勇敢为赵国争得了不少面子。秦王见赵国有这样的人才，从此就不敢再小看赵国了。赵王看蔺相如这么有才干，就封他为"上卿"（相当于后来的宰相）。

赵王这么重用蔺相如，可气坏了赵国的大将军廉颇。他想：我为赵国奋战沙场，功劳难道还不如蔺相如吗？蔺相如光凭着一张嘴，有什么了不起的本领，地位倒比我还高！他越想越不服气，怒气冲冲地说："我要是碰着蔺相如，要当面给他点儿难堪，看他能把我怎么样！"

廉颇的这些话传到了蔺相如的耳朵里。蔺相如立刻吩咐他手下的人，叫他们以后碰着廉颇手下的人，一定要让着点儿，不要和他们争吵。他自己坐车出门，只要听说廉颇从前面来了，就叫马车夫把车子赶到小巷子里，等廉颇走过了再走。

廉颇手下的人看见上卿这么让着自己的主人，更加得意忘形了，见了蔺相如手下的人就开始嘲笑他们。蔺相如手下的人受不了这个气，就跟蔺相如说："您的地位比廉将军高，他骂您，您反而躲着他，让着他，他越发不把您放在眼里啦！这么下去，我们可受不了。"

蔺相如平静地问他们："廉将军跟秦王相比，哪一个厉害呢？"大伙儿说："那当然是秦王厉害。"蔺相如说："对呀！我见了秦王都不怕，难道还怕廉将军吗？你们要知道，秦国现在不敢来攻打赵国，就是因为国内文官武将都是一条心。我们两个人好像是两只老虎，两只老虎要是打起架来，不免有一只要受伤，甚至会死掉，这就给秦国造成了攻打赵国的好契机。你们仔细想想，是国家的事儿要紧，还是私人的面子要紧？"

蔺相如手下的人听了这一番话，都非常感动，以后看见廉颇手下的人，都十分小心谨慎，总是让着他们。

蔺相如的这番话后来传到了廉颇的耳朵里。廉颇惭愧极了。他脱掉了一只袖子，露着肩膀，背了一根荆条，直奔蔺相如的家。蔺相如连忙出来迎接廉颇。廉颇对着蔺相如跪了下来，双手捧着荆条，请蔺相如鞭打自己。蔺相如把荆条扔在地上，急忙用双手扶起廉颇，为他穿好衣服，拉着他的手请他坐下。

以和为贵是中华民族传统文化的一个核心，也是集天人合一传统哲学思想和道德伦理为一体的千古箴言。用老百姓的话来说就是"家和万事兴"。企业内部因为职务的调整、利益的冲突等，各种关系复杂纠葛，各种矛盾交织冲突，那就要求每一个人都要识大体、顾全局，以和为贵，这样才能保证企业的兴旺发达。不然，内部人员个个各怀心思，嚣张跋扈，相互掣肘，暗使绊子，这样的企业怎么可能走向辉煌呢？"家和万事兴"提倡的是团结，不论是小至家庭，还是大到国家，团结都至关重要，团结就是力量。

在战国时期，宰相蔺相如为了国家的利益，几次忍辱在小街上避让大将军廉颇的车马，后来因为廉颇知错就改负荆请罪，实现了"将相和"的和谐。这充分说明了，和能立业，和能兴邦，和能增长国民的士气，和能汇聚国家无坚不摧的力量。

孔子以"和"作为人文精神的核心。《论语》中有云："礼之用和为贵。""君子和而不同，小人同而不和。""和"的可贵之处就在于，它不仅仅在于家庭，更在于社会。

"和"在中国社会的传统文化中是一个意味深长的字眼，在中国古代就已经形成了以"和"为美的审美观念，并普遍认为宇宙万物之间的美没有比和谐更伟大的了，正所谓"天地之道而美于和"，"天地之美莫大于和"。自然界是如此，人类生活、社会生活也不例外。齐家之道，讲求的是"家和万事兴"；在外做生意，生财之道，讲求的是"和气生财"；为官一方，仕途之道最崇尚的就是"政通人和"；人与人之间的交往之道，讲求的就是"以和为贵"；伦理之道，讲求的是父慈子孝，兄弟之和；邻里之道，讲求的是"和睦相处"；安邦之道，讲求的是"协和万邦"，相互谦让、互相信任。21世纪是人类共同面对文化冲突与融合的时代，是会不断发生革新与转型的时代。

我们每一位中华儿女都应当时刻牢记"家和万事兴"的名言，用实际行动努力构建和谐社会的新关系、新秩序，塑造健康有序的新型的人际关系，促成整个社会的团结和共识，为中华民族的振兴贡献自己的一份微薄的力量。

第四节　与其忧懈怠，不如慎始慎终

《左传》有言："慎始而敬终，终以不困。"人们常说"万事开头难""好的开端是成功的一半"。却不知，开头虽然不容易，但是要能坚持不懈，慎始慎终，就更加不容易了。倒是有两句话对人的启发更大一些："行百里者半九十。""积土成山，功亏一篑。"像是这样的话，老百姓应该记取，为官者更应该谨记。

倘若说历史上那种"慎终"的清官是凤毛麟角的话，那么，今天焦裕禄式、孔繁森式的人民公仆却是随处可见。天津市南开公安分局户籍科副科长方增光，在他那样的位子上并非没有贿赂可拿，但是他廉洁奉公，勤奋工作，最后累死在了写字台上。

方增光的感人事迹在天津老百姓中有口皆碑。像是这样的例子生活中还有很多，所以做到慎始慎终我们每一个人都有机会，都有这种可能性。

一如既往，慎终如始

在清代顺治年间，汤斌曾在很多地方担任要职。他奉旨出任潼关道(官名)时，守关的兵士看见他一主一仆各骑一骡，另一头骡子驮着两床破旧的棉被、一个竹书箱，不禁感叹道："把你放到锅中去煮，也煮不出官味儿来。"

在任期内，他经常采野菜佐餐，每顿必有一味豆腐。他为官清正，政绩斐然。在离任之日，穷得只好卖掉坐骑以换做盘缠，当地百姓都泪流满面，塞道遮留。

康熙年间，嘉定县令陆陇其上任时，衣服全部由夫人自纺自织，出入舟车，费用自付。离任时，船上仅有书籍数捆，织机一张，老百姓执香携酒，遮道相送，时人赠诗赞他："有官贫过无官日，去任荣于到任时。"

"欲善终当慎始。"领导干部犯错误，都有一个从量变到质变的过程，一旦有了第一次，就可能有第二次、第三次，甚至是更多次。可是当潘多拉的魔盒一旦打开，想要停下来就难了。不能正确对待"第一次"的人数不胜数，有些人受贿就是从收一条中华烟和一把刮胡刀开始的。所以说，守住清白，务必守住第一次，开好头，起好步，守住第一道防线。

各级领导干部在各种利益诱惑面前，必须以坚决的态度、坚定的立场对待之，锁牢"第一次"的闸门，防止一念之差而误入歧途，防止因为一时的冲动而失去理智，防止一步不稳而跌落陷阱。自觉抵制各种诱惑，才能立于不败之地。

一念过差，足丧生平之善

"慎终如始，则无败事。"要想挡住诱惑，不但要管住风华正茂、精力充沛的"涨潮"期，还要坚守住晚节，管住"夕阳西下"的"退潮"期。始终保持高昂的奋斗意志，不在成绩和功劳面前沾沾自喜，更不能以此为资本来换取私利，要慎始敬终，为自己的人生画上一个圆满的句号。一些上位者在临近退职、退休之时，不是留恋工作，反而是更加迷恋权力，不是重视晚节，反而是重视名利，利用即将离任的权力之便，拼命地为自己为家人贪钱敛财，以图安度晚年，享受余生。有道是"天网恢恢，疏而不漏"，最后终究还是一失足成千古恨，受到法律的严惩，晚年不得安生。

慎始不容易，慎终就更困难了。要想做一名好干部、好领导，人民的好公仆，就必须做一个坚守晚节，善始善终，淡薄一生，永葆本色的人。唯有慎始慎终，才能做到问心无愧。

古人曾曰："不慎其始，则侮其终。"慎始是慎终的开始。说它是防微杜渐的"闸门"，防患于未然的长远的"预防针"一点也不为过。对于今天手中拥有一定权力的年轻人而言，慎始是需要谨记不可忘记的。我们每一个年轻的人在上任之初便能够珍惜人民赋予的权力，并把此看得和个人的生命、人格同等重要，在任何的诱惑或者是陷阱面前，时刻保持着清醒的头脑，堂堂正正为官，正正派派做人，在人生之路上开个好头，充分发挥自己的聪明才智，在本职岗位上建功立业，造福于民。相反，连慎始都没有做好，那后边的路大多是会越走越窄的。试想，上任之初，就整天惦记着怎样为自己行使权力之便，倘若再不接受他人的批评、指导和监督，自以为是，一意孤行，就会越发变得恣意妄为，最终恐怕还会落得个"多行不义必自毙"的下场。此绝非危言耸听，这些年来，个别人在"慎始""慎终"上都跌了跟头，已为世人拉响警报了。

对于所有人来说，慎始观念不是一朝一夕就能形成的。它来自于人们对人生价值观的正确认识，来自于政治上的坚定的信念和思想道德修养上的纯洁性。如果这些方面都做到了，才能在掌权的时候为自己设定正确的前进方向，才能经得起掌握权力之后的种种考验，而不会因小利而忘大义，为私欲而失大节，因一念之差而失足成为千古恨。

慎始固然重要，而慎终就更加难能可贵。做到慎始或许还不太困难，做到慎终却要付出巨大的持之以恒的毅力。这样才能在任何情况下都经受得住严峻的考验，做到欲为民节，保持一生清白。古人有云："慎终如始，则无败事。"不能慎终如始在"晚节"变节的人，就像驶近终点却又脱轨而出的列车，又好像在最后临近收尾的时候出现的大败笔的风景画，令人惋惜。它对于个人、对于家庭、对于民族、对于国家无不是一个巨大的损失。俗话说得好："看人要看后半截。"纵然你先前做过很多有益的事情，但不能慎终，蜕化变质，做出有害国家和人民的违法乱纪的事，也只能与耻辱为伴。不论是年轻的，还是年长的，都要做到慎之不苟，洁身自重，既慎其始，更慎其终。

《易经》上有一个"井卦"，谈到用瓶子从水井提水，拉上来的时候，碰到了井口，瓶子碎了，水流光了，功败垂成。情况安定的时候容易得到把握，情况尚无迹象时容易图谋；事物脆弱的时候容易化解，事物细微的时候容易消散。要在事情尚未发生的时候就处理好，要在祸乱尚未出现的时候就控制住。人们做事情，通常在快要成功的时候反而失败。面对事情结束的时候，还能像开始的时候那么谨慎，就不会失败了。《易经》坤卦初六说："履霜，坚冰至。"意思是说：脚下踩到霜，就要知道坚冰快来了。因为霜的阴气开始凝结，按照规律发展下去，就会出现坚冰。这说明看待事物一定要有远见，要能够了解它细微的变化，见到叶落就会知道秋天快要到了。

所谓"人无远虑，必有近忧"，没有长远的考虑，势必会有迫在眉睫的忧虑，苦难来到的时候就会变得措手不及。有长远的考虑，才会知道什么时候会很忙碌，什么事情应该避开，又将要如何调整。假如这些都可以掌握，那么即便是再辛苦忙碌，也知道自己为什么愿意接受，因为事先经过思考和设计，已经有心理准备了。

　　"民之从事，常于几成而败之"，这句话说得实在是寓意深刻。为什么事情快要成功时反而会失败呢？因为在最后关头就会得意忘形。"哀兵必胜"是什么道理呢？谨慎小心，到最后一步都不敢大意的人，才可以保持优势。所以老子说，能够慎始慎终，才不会导致失败。《易经》上说：危险生于自以为安全，灭亡生于自以为长久，混乱生于自以为良好。所以作为一名领导者，就要安不忘危，存不忘灭，志不忘乱。只有这样，才能居安思危而不受危的灾祸。我们所说的"慎"，还有谨慎、小心、慎重之意。作为修养内容之一，"慎"应当是贯穿于事前、事中、事后。

　　首先，事前慎。在还没能分辨清是非情况之前，不可以轻举妄动，应当谨慎思考，就像冬天渡过大河一样小心，切不可鲁莽行事，要谨慎行事，就像害怕有丑事被四邻窥见一样；要庄重严谨，就好像到不熟悉的人家去做客一样。

　　其次，事中慎。老子说："民之从事，常于几成而败也。"意思就是说：一般人做事情通常都是在临近成功的时候却失败了。这是什么原因呢？无数的事实证明，在事物发展的过程中，失败率在坐标图上呈抛物线形式变化，也称为"浴缸曲线"。在决策和计划执行起初，领导者和各级执行者一般都会全力以赴，所以尽管在初期的失败率非常高，但却是呈急速地下降的趋势。到了稳定时期，由于各方面的情况已经比较明朗，也有了处理问题的经验，所以出现失败的可能性就会很小。但是，到了末期，因为节节的胜利，各级领导者都很容易松懈斗志，结果通常会让失败率增高，甚至会出现更大的失败，这就需要领导者在事中做到"慎"。

如何才能做到慎呢？一是要有"行百里半九十"的精神，时时刻刻做到小心，处处谨慎，使事情善始善终，这样就会"慎终如始，则无败事"。二是做事要有节制。当原来的目标实现之后，即便出现了有利可图的机会，也要暂时克制一下自己的欲望。特别是在企业快要倒闭或是出现重大失误之后，切忌病急乱投医，切忌匆匆忙忙抓住机会，切忌慌慌张张搞投资，倘若不顾忌，那么一定会忙中不慎，你所收获的一定是比原来的失败更为惨痛的结果。

　　最后，事后慎。当一件事情快要完成的时候，大部分人都有松懈之意，有种高枕无忧的盲目感。当一件事的结局不尽如人意时或者是失败的时候，很多人最容易做的事情就是寻找各种理由和借口为自己来辩护，可是，他们却把最重要的事情忘了——分析原因以免重蹈覆辙，总结经验以利再战。《菜根谭》中有一句话说得非常好："人人道好，需防一人着脑；事事有功，须防一事不终。"

　　唯有做到慎始才有慎终，才有善终，这是大家都明白的道理。可是，如何做到慎始，却是每一个人都需要深思和警醒的课题。就像宋代思想家程颐所说："一念之欲不能制，而祸流于滔天。"人生在世，不论是从政做官，还是为人处世，都需要做好心灵改造的工作，做到慎始慎终。